先生、カエルが脱皮して その皮を食べています！

［鳥取環境大学］の森の人間動物行動学

小林朋道

築地書館

はじめに

私が勤務する鳥取環境大学は「人と社会と自然との共生」をメインテーマに、一〇年前に設立された大学である。大学の一員である私も当然、「人と社会と自然との共生」をめざして日夜努力しているのであるが、努力すればするほど、みなさんに（結果的に）迷惑をおかけするような事件が発生する。

この本は、そのような〝事件〟について、動物行動学や人間比較行動学からの鋭い視点で、把握し、分析し、一部、都合がいいように解釈し、人間も含めた生物のすばらしさをご紹介したものである。

話は変わるが、昨年の暮れ、私のゼミの学生たちと忘年会をした（話がカワリスギジャ！）。その場で私は、約二名の学生の策略によって、サンタクロースの衣装を着させられ、私が自腹で買った某高級メーカーのアイスクリームをプレゼントするというキヨオチ（キヨオチというのは、今、私が考えた最新造語である。清水の舞台から飛び降りる、という表現があるが、清水の舞台から突き落とされる、という状況を端的に意味したのが〝キヨオチ〟である）を決行したのである。

「先生、サプライズで」、とかなんとかプレッシャーともオドシともわからぬ言葉で追い詰められ、会の進行のタイミングを見はからって、サンタ姿の私が会場（会場といっても、大学の近くのコミュニティーハウスの二階であるが）に出ていくという、まさにキヨオチである。

すべったらどうしよう。

責任はとってもらえるのだろうか。

などと思いながら、でも一方で、一生懸命、会を準備してくれた約二名の学生のためにとも思いながら、私は会場への階段を一歩一歩上っていったのである。

私はサンタクロースの姿にさせられて（写真最下段）高級なアイスクリームを全員にプレゼントさせられたのだ

結果は、写真を見ていただきたい。私にキヨオチさせた約二名の学生は、会の翌日、「（サンタでキヨオチしてくれて）ありがとうございました」と、私に言ったのだった。

いい話である。


ところで、その忘年会で、私の日ごろの行為に関する、私もはじめて聞くような興味深い話が明らかにされた。そのなかから二つほど。

その忘年会に先立って、二カ月ほど前に同じ場所でゼミの懇親会を行なったのだが、私は携帯コンロのガスボンベの準備を任された。さて、盛大に会も終わり、会で出たゴミをすべて分別し、私が大学に持って帰ることにした。そして、私はさっそくゴミの処理を大学で始めた。やっかいなのはガスボンベである。まだガスが残っているものは捨てずに保管し、ガスがほとんど残っていないと判断したものは、缶に太い釘で穴をあけて、ガスを外に出し、それから、缶を捨てる場所に捨てた。

その翌日である。学生全員に次のようなメールが送られたという。

「教育研究棟の一階で異臭騒ぎがありました。原因は、携帯コンロの使用済みのガスボンベの缶でした。みなさん、学内ではガスは絶対に使わないでください」

ちなみに、このメールは学生たちだけに送られ、教員には送られなかった。事務の人が、「まさか教員は、こんなことはしないだろう」と思ったのだろう。だから私はそんな事件が起こったことは知らなかった。

私のゼミの学生は、時間的な関係から「小林が怪しい」と思ったらしい。

忘年会で「それは先生ですよね」と聞かれ、私は「それはどう考えても私だ」と答えておいた。

「完全にガスがぬけきれないまま研究棟にもどって、ゴミ箱に捨てたから、それから少しまだ漏れたんだろう」という冷静な解説も忘れなかった。

学生も私も事件の真相がわかってお互いすっきりして「よかったよかった」と話しあったのだ。

真実がわかるというのは、科学の大きな楽しみでもある。

もう一つ、Aくんが、次のような話をしてくれた。

忘年会の前日の夕方、Aくんが、卒業研究のための作業を実習準備室でやっていたとき、私が入ってきて、何か声をかけたあと、その奥にある飼育室に入っていったという。(もちろん私もそのときのことは覚えていた。）

そして、Ａくんは実に真顔で自然に言ったのである。

「先生が飼育室に入ってすぐに、今度は鳩が飼育室から出てきたので、先生が鳩になったのかと、一瞬驚きました」

ワタシハ鳩にヘンシンデキル体質かーー。

ワタシハマジシャンかーーー。

Ａくんは、少なくとも一瞬は半分そう思ったかもしれない。Ａくんは、飼育室のなかに鳩（ホバという名で、幼鳥のころ右羽の骨を複雑骨折してそれ以来飛ぶことができなくなり、私が自宅で飼っている。ただし冬だけ大学に連れてきている）がいることは知らなかったらしい。

私はいつも、飼育室に入ったら、運動不足になっているホバをカゴから出し、飼育室とドア一つ接した準

飼育室から出されて準備室を散歩するホバ

備室に出してやる。飼育室には、イタチの仲間であるフェレットが、やはりカゴのなかで飼われており、こちらもカゴから出してやらなければならない。フェレットと鳩を同じ部屋に出すと食物連鎖が起こるので、フェレットは飼育室に、鳩は準備室へ、と分けているのである。

ホバは、Aくんを驚かせたあと、同じく準備室で、一生懸命アカハライモリの個体識別の作業を行なっていたIさんに背後から近寄り、Iさんを驚かせたという。振り返ると、大きな鳥が突然後方にいたら、そりゃあびっくりするだろう。

以前は、準備室から廊下に出て、薄暗い廊下をひたひたと歩き、通りすがりの学生を驚かせたこともあった。

これらの話から私は次のような結論を導き出した。

「小林は、対個人、あるいは対集団レベルで、時には動物たちにも手伝ってもらいながら、大学を活性化している」

一見、話が横道にそれたように思われる読者もおられるかもしれないが、実はこれも私の綿密な計画の一つであることが、次の一文によって理解していただけると思う。

つまり、この本は、こういった、大学を中心にした〝事件〟を、研究者の鋭い五感と脳を通して把握・分析してできあがった本だ、ということなのである。

最後になったが、いつものことながら、こんないいかげんな私の文章を、すばらしい構成力でまとめあげてくださった築地書館の橋本ひとみさんに心からお礼申し上げたい。

小林朋道

目次

本書の登場動（人）物たち

ヒキガエルも脱皮する、そして皮を食べるのだ

実はアカハライモリもそうだった

大学に入学して一年目の夏だった。

夏休みになったので、久しぶりに両親の住む家、つまり私が育った家、へ帰った。

話は変わるが、そのころの私の愛読作家の一人は、ヘルマン・ヘッセだった。そして、ヘッセが書いた〝穏やかな〟小説（穏やかではないものもあった）のなかで、自然の生物や故郷などへの描写を読み、胸がしめつけられるような思いになったものだった。

有名な『車輪の下』も、今でもその文章がかなり、そのまま脳に浮かぶほど、印象に残っている。

思うに、ヘッセが表現したかった本質を、私はあまり受けとらず（受けとれず）、枝葉末節の〝自然の生物や故郷などへの描写〟に反応していただけだったのかもしれない。でもそれでもいいと思うのだ。私にとっては、人生を深くしてくれるかけがえのない描写なのである。

高校のときから故郷を離れていた私にとって（なぜ離れていたか？ それは、その、言うなれば、故郷が田舎すぎて、入学した町の高校まで通えなかった、とでも言えばよいのだろうか）、両親の住む故郷へ帰ることはとてもうれしいことだった。少しひねてはいたが、根は純粋な青年だったわけだ、小林青年は。

私は理学部の生物学科に入学したのだが、入学した四月から、夏休みに入る七月までの三カ月は、大学で、生物について実にさまざまなことを学んだ、とそのころ思っていたことを覚えている。(ややっこしくてすいません。でも、それが正確な表現なのだ。)

生命とは一体何なのか。動物の行動はどう研究すればよいのかなどなど、新鮮な知識に触れて自分が大きくなったような気がして、それが、故郷への帰省をよりうれしいものにしていた。

私は、子どものころ慣れ親しんだ家の周辺の山々や川を、子どものころとはまた違った思いや、感じ方で歩きまわった。

山奥の細い谷の石の下で、子どものころたまに見つけていたサンショウウオを発見し、それが「ブチサンショウウオ」だとはっきり認識できたのもそのときだった。

ちなみに私は、小さいころから、自然のなかに身を置くと、よくめずらしいものを発見した。そして、めずらしいものを発見するときにはきまって、発見の前に、何か胸騒ぎのようなものを感じることが多かった。「これから何か驚くような出来事に出合うぞ」とか「びっくりするようなものを発見するぞ」とか。(きっと、私の脳は、無意識のうちに、あるいは、それが意識の領域に到達する前に、珍事につながるサインを五感を通して受けとっていたに違いない。）

そのときも、谷川の斜面を下っていて、これから何かを発見するような予感を覚えた。そしてその直後、斜面に生えた杉の木の根もとに、何かとても奇妙な黒っぽい塊を認めた。それが動物であることはすぐにわかった。その場でゆっくりと動いていたからである。

興味津々！である。

あれはなんだ、あれはなんだ、

と私の体全身が騒ぎ立てる………そんな感じである。

ゆっくり近寄ってみると、それは、なんと、**体の皮を脱いでいる（つまり脱皮している！）大きなヒキガエル**だった。

さらにもっと驚いたことに、そのヒキガエルは、**脱皮したその自分の皮を、自分で食べていた**のである。

こんな、世に言う〝グロテスク〟な描写（こんな描写は、ヘッセの小説には出てこない。でも私には、それはグロテスクでもなんでもなく、懸命に生きる野生生物の興味にあふれる一こまであり、生物学を選んだ私の、ヘッセにはない世界なのだ）だけ聞かされても、読者の方には、具体的なイメージが湧かないだろう。

私も、その場面を見たとき、すぐには状況がわからなかった。

とにかく、大きなヒキガエルが、時々口をパクパクさせ、前肢で口をこするようにしながら、何か透明の布のようなものを食べているのだ。

私は、事の真相を探るべく、さらに近くへと慎重に近づいていった。

そして、**すべてを了解した！**

ヒキガエルが口に入れていた透明の布のようなものは、そのヒキガエル自身の、胴のあたりから伸びているものだったのだ。

つまり、こういうことである。

われわれがちょうどシャツを脱ぐとき、シャツの下端をつかみ、裏返しにし、頭にかぶるようにしながらズルズルひっぱって脱いでいくやり方を思い出していただきたい。そして、そのとき、手に持ったシャツの下端を、そのまま口に入れて飲みこんでいく……。

ヒキガエルは、まー、そんなことをしていたわけだ。

もちろん、そのヒキガエルがシャツを着ていたわけではない。もしそんなヒキガエルがいたら……世の中は、大変なことになっていたであろう。

そうではなく、**ヒキガエルは、シャツを裏返しに脱ぐように脱皮しながら、その（古くなって脱皮した）皮を食べていた**ということである。

私は、そのときまで、ヒキガエルが、あんなにも分厚い皮膚を脱ぐとは知らなかった。それも、あんな脱ぎ方をするということもはじめて知った。

ちなみに、脱皮〝シャツ〟の下端の先端を、最初、どうして口に入れたのだろう。脱ぎはじめに、「はい、これがあなたのシャツの端よ」とか言って、手助けしてくれる仲間のヒキガエルがいたのだろうか。もしそんなやりとりがヒキガエルの世界にあったとしたら……世の中は、大変なことになっていたであろう。

私は、ヒキガエルの脱皮の様子と、さらに、それを食べるという行動の光景に驚いたが、もう一つ、大変、驚いたことがあった。

それは、皮を脱いだ、その下に現われた、新しい皮膚、であった。

「ヒキガエルの背中には、〝イボ〟があって、何かあると、そのなかにたくわえている毒性の分泌液を出す」といったことぐらい私も知っていた。（人間がヒキガエルのイボつきの皮膚を食べると、命にかかわることもあるという。毒性物質はブフォニンとよばれている。）

ちなみに、ヨーロッパのハリネズミは、ヒキガエルを食べるとき、背中の皮膚は食べずに残し、それればかりか、背中の皮を、ハリネズミ自身の背中の針に塗りつけるのだそうだ。そうすると、ハリネズミの天敵がハリネズミを襲ったとき、ブフォニンのついたハリネズミの針が天敵に刺さり、天敵はたいそう痛がるのだという。米国のアデルフィア大学の動物学者ブロディ氏の有名な研究である。

私が、故郷の谷川の斜面で見たのは、ヒキガエルの古い皮膚の下の背中や両足にあるパンパンに張りつめたイボと、それからしたたり落ちるように出ている液（おそらく、ブフォニンを含んだ）であった。

私は、息を飲んだ。

そして、私のなかの小さな小さな生物学者は、「これは学術的にも価値がある場面かもしれない。記録に残さなければ」と言うのである。

私は、カメラでその場面を撮影すべく、急いで家に帰り、坂道を息を切らしながら現場へと走ってもどった。（脱皮が終わってヒキガエルがどこかへ行ってしまっていないことを祈りながら。）

もどってみると、ヒキガエルはその場から動いていなかった。しかし、残念ながら、脱皮は終わっていた。つまり、体の古い皮膚はすべてめくれ、それらはおそらくすべて、ヒキガエルの胃のなかに入っていたのだろう。それでも幸いなことに、背中の、パンパンに張りつめたイボと、そこからにじみ出る毒液は、まだ脱皮中の面影を残していた。

私は夢中で写真を撮った。

下の写真は、そのときの（かれこれ三〇年前の）写真と、最近、鳥取県の氷ノ山《ひょうのせん》という山に登ったとき出合った普通の状態のヒキガエルである。氷ノ山のヒキガエルは、谷川の、小さな滝のような場所で、水しぶきを浴びながらくつろいでいた。

両者のイボの具合を比較していただきたい。

脱皮しているヒキガエルには何か神聖な〝命の営み〟といったようなものを感じた。

30年前に故郷の谷川で出合った脱皮直後のヒキガエル。
イボがパンパンに張りつめ、毒液がにじみ出ている

その理由の一つは、〝自分の体を食べる〟、というか、古い皮のなかの栄養もむだにしないその行動に、生物の本質的な一面を見た、と言えばよいのだろうか。

そしてもう一つは、脱皮をしている間、そして、それが終わってからもしばらく続いた、パンパンに張ったイボの迫力である。

大学生活のはじめの三、四カ月で、動物行動学の初歩の初歩の初歩をかじっていた私は、なぜイボはあんなにも活発に働いて毒液を分泌しているのだろうかと考えた。そして私なりの答えはすぐに出た。

端的に言えば、「ヒキガエルにとって、脱皮をしている状態というのは、その場を動くこともできず、周囲に身をさらす危険な状態なのではないか」ということである。そして、「そんな無防備な状態が、長い間（私が、脱皮の途中に出合ったヒキガエルが、どれく

最近、氷ノ山（鳥取県）で出合ったヒキガエル。
イボの様子を右の写真と比べてほしい

らい前から脱皮を続けていたのかはわからないが、私が見た間の脱皮の進行状態から推察して、ヒキガエルの脱皮はかなり時間がかかると思われた）続くことによるリスクを少しでも小さくするため、ありったけの防衛的毒物質を背中側に分泌しているのでは」と考えたのである。今でも、そのときの推察は悪くないと思っている。

ヒキガエルの写真を撮ったあと、数十分、それからの様子を見ていただろうか。ヒキガエルの背中のイボは少しずつ小さくなっていき、それとともにヒキガエルは、谷の斜面を、上のほうに歩いていった。やがて、下草のなかに消えていった。

その後、ヒキガエルと、動物学的なつきあいをもったのは、高校の教員になって一、二年してからのときだった。

そのころ、動物行動に関する何かよい生徒実習はないかと、日夜、試行錯誤をしていた私は、当時勤務していた高校の近くにある山に行ったとき、谷川の近くで、一匹の立派なヒキガエルを見つけた。そして、そのとき、一つの実験を思いついた。

その実験というのは、当時、動物行動学の国際的に有名な学術雑誌で発表され、その分野の人たちにはよく知られていた「ヒキガエルのヘビに対する防衛行動の解発」に関する実験だった。

ドイツの神経行動学者エワート氏は、ヒキガエルの脳内の一本一本の神経の活動を記録する技術を使い、どの神経が活動すると、ヒキガエルは逃走行動を起こし、どの神経が活動すると捕食行動を起こすかを明らかにした。

そして、その研究のなかで、エワート氏は、ヒキガエルがヘビに対しては、独特の防衛動作で反応することを発見した。さらに、その動作を引き起こす刺激を突きつめていった結果、ある意味で、ヘビの特徴をよくつかんだ、非常に単純なモデルが、ヒキガエルの対ヘビ防衛動作を発現させることを見出した。

その〝非常に単純なモデル〟について、少し詳しく説明しよう。

ヘビに出合ったヒキガエルは、体（特に腹部）を、ぷくっとふくらまし、四肢を伸ばし、相撲の〝立会い〟前のような姿勢をとる。このような姿勢は、実物より体全体を大きく見せることができ、ヘビに攻撃をひかえさせる効果があるのではないか、と考えられていて、実際、その効果を示すような観察も行なわれている。

私は、はじめてエワート氏の論文を読んだとき、ヒキガエルは、そのような姿勢に加え、背中の〝イボ〟をふくらませ毒液を分泌すればもっと効果があるのに、と思ったものだ。しかし、ヒキガエルが背中の〝イボ〟から毒液を分泌しないのは、そのためにはある程度の時間が必要であり、「ヘビに出合った、さあ、毒液分泌」というわけにはいかないのだろう。それと、ヒキガエルを丸ごと食べるヘビには、そもそも、毒腺分泌物は、毒にはならないのかもしれない。

エワート氏たちは、黒いパイプで、ヘビそっくりのパイプが長くくねったモデルや、パイプが水平に伸びたモデル、垂直に伸びたモデルなど、いろいろなモデルをつくってヒキガエルに見せ反応を調べた。その結果、「ある程度の長さの横棒と、その中央から、先が〝かぎづめ〟のように曲がった縦棒がついた、単純なモデル」(30ページの写真を見ていただきたい)でも、ヒキガエルは、ヘビに対する独特の(相撲の〝立会い〟前のような)防衛姿勢をとることが明らかになった。

一方、**ヘビそっくりのモデルでも、それが「先が〝かぎづめ〟のように曲がった縦棒」をもっていなければ、ヒキガエルは、対ヘビ防衛姿勢をとらない**こともわかった。

この「先が〝かぎづめ〟のように曲がった縦棒」の意味は、次のように考えられている。それは、そのヘビが捕食の気分にあることを示す〝かま首〟のサインになっており、〝かま首〟を上げていないヘビは、ヒキガエルを襲う可能性は低いので、わざわざエネルギーを費やして対へビ防衛姿勢をとる必要はない（のではないか）。

実は、エワート氏たちは、ヒキガエルに対へビ防衛姿勢をとらせるモデルを、「ある程度の長さの横棒と、その中央から、先が〝かぎづめ〟のように曲がった縦棒がついた、単純なモデル」よりももっと単純にすることに成功しているのであるが、話が長くなるので、ここでは省略する。ちなみに、へビからのニオイや音などは、対へビ防衛動作の刺激にはならないことも確認している。

さて私が、高校の近くにある山の谷川でヒキガエルを見つけて、エワート氏たちの「ヒキガエルの対へビ防衛動作」のことを思い出し、生徒たち自身に実習させたいと思ったのには、次のような背景もあった。

高校の生物の教科書のなかには、動物の行動の単元のなかに「鍵刺激」という項目が出てくる。最近、今の高校生物の教科書を見る機会があって、ぱらぱらとめくってみたが、「鍵刺激」は、かなりのページを割いて扱ってあった。

この「鍵刺激」というのは、以下のような現象に対して名づけられた言葉である。（ちなみに、欧米では、それは、key《キー》 stimulus《スティミュラス》 とよばれ、ヨーロッパの動物行動学の創始者たちが、今から半世紀近くも前につくった言葉である。）

動物が、ある対象に向けて、ある行動を行なうとき、それを引き起こす刺激は、対象全体からの詳しい刺激ではない。対象のなかの〝一部の特徴的な刺激〟が、その行動を、あたかも引き金を引くように、引き起こすのだ。その〝一部の特徴的な刺激〟を「鍵刺激」とよぶ。

もちろん、すべての行動が、鍵刺激によって引き起こされるわけではない。しかし、人間の場合も含めて、多くの動物の行動が、鍵刺激（もちろん、おのおのの行動によって鍵刺激の内容は違う）によって引き起こされていることも確かである。

たとえば人間の場合だと、生後半年の赤ん坊の顔は、親のみならず、多くの人間に、「かわいい！という感情」を引き起こす。ある感情の生起も行動の一種である。その場合、赤ん坊に対する「かわいい！という感情」の生起には、必ずしも、赤ん坊の顔からの（耳や一本一本の髪の毛、鼻の穴………といった）すべての視覚刺激が必要なのではなく、ふっくらとした頬、つぶらな目、大きな額、小さい口元といった、一部の刺激だけで十分であることがわかっている。だからこそ、それらの一部の刺激要素をもった簡単な赤ん坊の絵でも、赤ん坊に対する

「かわいい！という感情」を引き起こすことができるのである。

人間以外の動物でも、そのような「鍵刺激」の例は枚挙にいとまがない。たいていの高校生物の教科書に紹介されている例は、トゲウオの攻撃行動である。

トゲウオという魚の雄が、繁殖期に自分がつくった縄張りに侵入する雄のトゲウオを攻撃する場合、その攻撃行動を引き起こすのは、「(適度な大きさの物体の)下半分が赤い」という刺激である。

私の研究成果から一つ例をあげると、シベリアシマリスが、動かないヘビの皮膚の一部をかじりとって自分の体に塗りつける行動を行なうとき、その行動を引き起こすのは、ヘビの姿ではなく、「ヘビの皮膚からのニオイ」(だけ)である。

そんな「鍵刺激」を、高校生に、実感をもって理解してもらうために、ヒキガエルを！と、谷川のほとりで思ったわけである。(生活のさまざまな場面で、たえず、教材のことを考えていた私は、ひたむきな教師だったのだ。そのひたむきさと人格的な至らなさが、いろんな人に多大な迷惑をかけてきたのもまた事実だが。)

さっそく私は、学校にヒキガエルを連れてかえり、エワート氏の論文を参考にしながら、ホームセンターで材料を買いこみ、いろいろなモデルをつくったのだ。今でもそのときの場面や気持ちや五感の感触がはっきりとよみがえる。

そして、試行錯誤の末、そのヒキガエルが、対ヘビ防衛動作を行なってくれる単純なモデルを、やっとつくったのである。モデルができたことも、もちろんうれしかったが、同時に、ヒキガエルの対ヘビ防衛動作にも大変感動した。

ほんとうに、**ゆっくりと手足を伸ばし、少し体を前後左右に揺さぶって、立会い前の相撲取りのような動作をした**のである。

日本のヒキガエルでも、ヨーロッパのヒキガエルと同じように、そして英語とドイツ語の論文に書いてあるのと同じように反応してくれたことも、何か言いようのない気持ちを感じさせてくれた。

余談になるが（まったく余談だが）、二歳くらいのときの私の息子の行動を、今、思い出す。現代のホモ・サピエンスの男の子の特性と考えられる〝大型工事重機好き〟習性を発揮して、親戚からもらったり、図書館から借りたりした車の絵本に夢中になっていた息子が、図書館で、クレーン車が載っている本を見つけ出した。大喜びでそれを借りて、自分の背負いザックに入れて、図書館を出たときのことである。図書館の前に移動してきていた本物のクレーン車を目の当たりにした息子は、一瞬ぼうぜんとし、すぐに、ザックからそのクレーン車が載っている本を取り出した。そして、ちょこんと道路の上にかがみ、本を広げ、本物のクレーン車と、本のなかのクレーン車を、交互に指差して、夢中で言ったのだ。

「おんなじ！　おんなじ！」

私には、その息子の気持ちがよくわかる。（この歳になった私が、二歳の男の子の気持ちが〝よく〟わかっても、それはそれで問題なのかもしれないが。）

谷から連れてかえったヒキガエルが、モデルに反応して、立派な「対ヘビ防衛動作」をするのを見たときの私の気持ちも、それにかなり近いものがある。

「（エワート氏がヨーロッパヒキガエルで見つけた行動と）**おんなじ！　おんなじ！**」みたいな。

ちなみに、私はそのころ（ヒキガエルに見せるモデルをつくっていたころ）、家に置いてあったどこかのオモチャ屋で買った、本物のヘビにとてもよく似せたゴムのヘビも、ヒキガエルに見せてみた。ヒキガエルは、全然反応しなかった。

さて、次は、四〇人近くがいる実習室のなかでも、ヒキガエルは、〝鍵刺激〟に反応してくれるかどうか、を確認しなければならない。

私は、まずは私が教壇で、四〇人ほどの生徒を前に、実験をしてみることにした。生徒がこの実験にどれくらい興味を示すか、どれくらい驚いてくれるか、も大切なことだったが、生徒実験として確立するためには、とにかく、生徒がわいわいしている環境下でも、安定して見られる現象であることが前提である。

結果は、大成功だった。

教壇の上で、「本物のヘビにとてもよく似せた、ゴムのヘビ」には反応しないことを確認させたあと、「鍵刺激」を見せると、ヒキガエルは見事に防衛行動をしてくれたのだ。

そして、多くの生徒が、机から身を乗り出し、喚声を上げたのである。

これなら、「鍵刺激」の特性を、興味をもたせつつ生徒に伝えることができる。生徒自身に、有効な刺激を工

“かぎづめ”をもつモデルに対し、ヒキガエルは対ヘビ防衛行動をとる

夫させることもできる。私は喜んだ。

授業が終わって、理科室にもどってくると（理科室と実習室とは接しているのだ）、生徒の喚声が、理科室まで響いてきたのだろう、先輩の生物の先生が、「見世物みたいですね」と言われた。特に反論はしなかったけれど、ちょっと違うんだな……。


動物の行動の生徒実験の確立が難しい理由の一つは、カエルのような両生類とか、爬虫類、鳥類、哺乳類といった、複雑な脳をもつ動物では、〝生徒がわいわいしているような環境下〟では、それらの環境状況に反応して緊張するなどして、自然な野外で見せる、彼らの独自の生活を感じさせる行動を行なってくれない、ということである。

腹に紙片を貼ると、足でそれを落とそうとする、といったような単純な行動は、たいていの環境下で、簡単にやらせることができる。でも、それでは、それぞれの動物が、それぞれ独自な生活環境に適応して、独自の行動を発達させていることを実感させることができないのだ。

そういう意味で、私は、「生物の生活を背後に感じさせるような動物の行動の実験の開発」をめざした。その項目を題名にした論文を書いたこともある。そういう意味で、ヒキガエルのヘビに対する防衛動作の発現は、稀有な、すぐれた動物実験なのである。

さて、高校教員時代の話はこれくらいにして、最近の、ヒキガエルとの出合いについてお話ししたい。

高校教員時代のヒキガエルとの実験を通してのつきあいから二〇年近く経過した最近、(それまでにも、時々山でヒキガエルを見たことはあったが)久しぶりに、ヒキガエルとじっくり触れあう機会をもった。

きっかけは、現在、私が勤務している大学の学生たちと、鳥取県と岡山県の境近くにある町、智頭町《ちづちょう》芦津《あしづ》の森に、「巣箱を設置する作業」と「トラップを使った小型哺乳類の調査」に行ったことだった。

巣箱に細工をする作業を一日ですませ、次の日から一泊二日で、その森に行った。八月の終わりのことだった。

私の勝手な〝好み〟で、きれいな谷川のそばで、芝生のような草が生え、近くにきれいなトイレ(太陽光で下水処理を行なっている)もある場所でテントを張った。一人に一つのテントである。

そうそう、夕方は、森のネズミ(たいていはアカネズミとヒメネズミ)の活動・生息状態を調べるために、森のなかに一〇〇個程度のトラップを仕掛けに行った。仕掛けが終わるころに

ヒキガエルも脱皮する、そして皮を食べるのだ

鳥取県と岡山県の県境にある森に学生たちと調査に入った

は、周囲は暗くなっていた。

夜はバーベキュー、朝は、そのまま飲めるくらいの水が流れる谷川のそばで目覚め、トマト、レタス、ツナ、チーズなどをはさんだトーストとコーヒー……、いやー、なかなかよかったなー。


本題の調査・作業であるが、森のなかの谷川に沿った、植生が異なる三カ所の区域——一つ目は、手入れがいきとどいているスギ林、二つ目は、スギを切りその後約七〇年間手がつけられていない自然林、三つ目は、スギを切りその後約二〇〇年間手がつけられていない自然林（三つ目の区域は天然林と言ってもよいかもしれない）——に、巣箱を一〇〇個ほど設置することだった。巣箱は、一本一本の木について、地上から〇・五メートル、三メートル、六メートルくらいの高さに設置した。

それぞれの植生区域で、それぞれの巣箱を、どのような動物（ターゲットはおもに、鳥類と哺乳類であった）が利用するかを調べたかったのである。

その後別な日に、サンショウウオやイモリなどの両生類、ヘビなどの爬虫類もターゲットにしたモニタリングサイトも設置した。

❶手入れがいきとどいているスギ林、❷スギの伐採後約70年手が入っていない自然林、❸スギの伐採後約200年そのままの成熟した自然林、❹〜❻それぞれの林で、巣箱を地上0.5m、3m、6mの高さのところに設置

今後、数カ月おきに、これらの設置物をチェックしていき、動物たちの生息・繁殖状況を調査していくのである。大変楽しみな作業である。（ちなみに、一回目と二回目の調査で、野ネズミの生息・繁殖特性について興味深いことがわかった。それについては、また別の機会に。）

さて、ヒキガエルとの出合いである。

天然林で巣箱を設置していたときのことである。動物や植物のことにとても詳しい二年生のIくんが、成体より二回り小さい（しかし、幼体とよぶにはかなり大きい）ヒキガエルを発見したのである。

ちょうどその前に、三年生のIくんが、同じく天然林の倒木のそばで、これまた、成体よりも二回りほど小さいアカハライモリを発見しており、天然林での相次ぐ発見にうれしい気分になっていた。（成熟前のヒキガエルやアカハライモリの発見は、彼らの生活史を知るうえで貴重なのである。）

アカハライモリについては、体長を測定して写真を撮り、もとの場所にもどしてやった。

ヒキガエルについては……ちょっとの期間、私の研究室で、いろいろと手伝ってほしいことがあるので、一緒に来てほしい、ということになった。

私の提案について、ヒキガエルは特に異議はなかったように見えた。ただし、力いっぱい腹をふくらませていたが。

（ほんとうは、腹をふくらませるのは、ヒキガエルおよびほかの多くのカエルにとっては、〝防衛行動〟なのである。だから異議があったと言えば、そーとも言えるだろうが………。でもまー、私の手伝いが終わったら、どうせ、ここにもどってくるのだから。若いうちに違った世界を見ておくのも、これからの人生、いや蛙生に大事なことかもしれないし。）

そういうことで話がついて、若者ヒキガエルは大学の私の研究室にやってきたのだ。

森での調査中に出合ったヒキガエル。名前はヒキ

………ところで、私は、このまま若者ヒキガエルのことについて書きつづけてもいいのだっけ？？？？かれこれ四時間くらいぶっつづけで書いてきたので、自分が書いている話のストーリーがわからなくなってきた。

ちょっと待ってくださいね。

………………。

タイトルから考えて、そろそろこのあたりでアカハライモリの脱皮について書いて、フィニッシュに入らないといけない………のだろう。

よし、では、アカハライモリの脱皮の話を書いて、この章を終わりにすることにしよう。

ただし、その前に、研究室にやって来た若者ヒキガエルについて一言、二言だけ書かせていただきたい。（これがまたかわいいんだ。そして、しっかり手伝い

手の上に載せると、指にしがみついてキリッ！とした顔をする

をしてくれるんだ。)

一つ目。

とにかくこの若者ヒキガエルが、私は、かわいくてかわいくてしかたがなくなってきた。

私がつんつんと体にさわると、腹を力いっぱい広げて怒るのだけれど、手の上に載せると、私の指にしっかりと抱きついて(それ以外にしようがない、という面もあるかもしれないが)、実に、キリッ!とした立派な顔をするのだ。

二つ目。

先に、私が高校教員をしていたとき行なった、ヒキガエルの対ヘビ防衛行動の実験についてお話しした。〝かぎづめ〟型の「ヘビの鍵刺激モデル」を見せると独特の防衛姿勢をとることを確認した実験である。あの実験をヒキ(私が若者ヒキガエルにつけた名前)に

ヒキもやっぱり“かぎづめ”モデルに対ヘビ防衛行動をとる

手伝ってもらってやってみた。ヒキは、見事に、単純な「ヘビの鍵刺激モデル」に、相撲立会いスタイルで反応してくれたのである。

ヒキが私の研究室に来てから二カ月ほどして、智頭町の森林に調査に行ったとき、ヒキも連れていった。もちろん、もとの場所にヒキをもどすためである。

「ありがとう。元気でな」

と、ヒキを手の上に載せて、森の地面に下ろした。しかし、ヒキは私の指に抱きついたままで、なかなか離れようとしなかった。

私には、ヒキが、

「先生のところがいい！」

と言っているような気がした。

でも私は心を鬼にして、説得して（ほんとうは、も

さようなら、ヒキ。元気でな

う一方の手で、ヒキを指から離して）旅立たせてやったのである。深い別れだった。

ヒキは、コケの生えた倒木から向こう側へ下りて斜面を上方向へと歩いていった。


さて、アカハライモリの脱皮、そして、それを食べる、という話である。

もう言ってしまったので、あまり言うこともないのであるが、とにかく、アカハライモリも、子どものころから、〝シャツを裏返しにして脱ぐように〟体の後ろから脱いでいき、それを食べるのである。

（もちろん、アカハライモリがシャツを着ていたわけではない。もしそんなアカハライモリがいたら……世の中は、大変なことになっていたであろう。ちなみに、アカハライモリだからといっても、脱いだ〝シャ

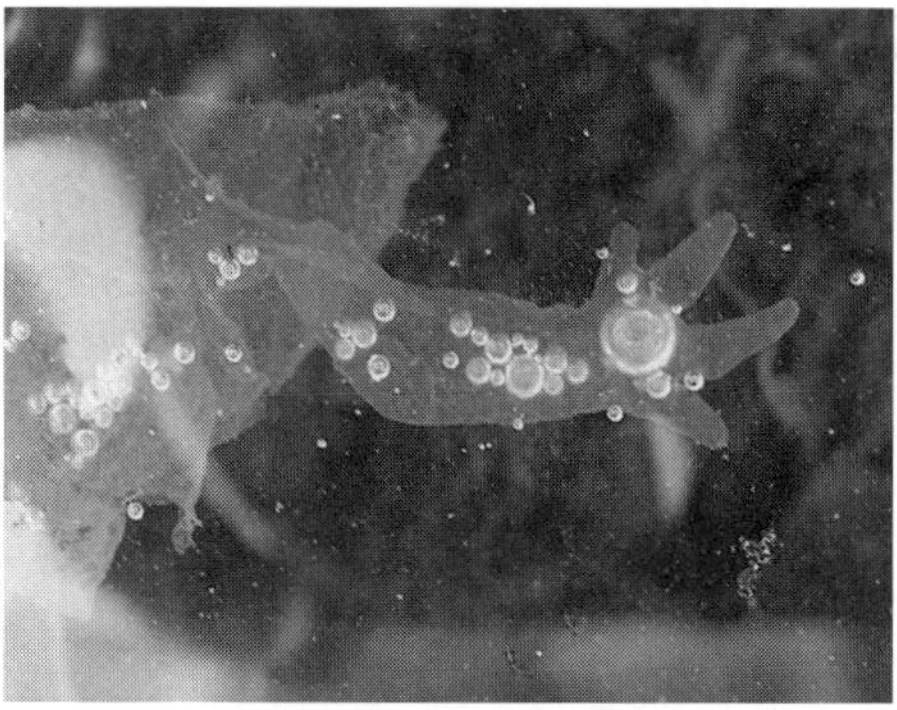

水中に残ったアカハライモリの脱皮殻。
手のなかに緑藻が繁殖してなかが緑色になっている

ツ〟の腹側に赤いデザインが入っているわけではない。）

前ページの写真は、脱皮した皮を、何らかの理由で本人（本イモリ）が食べなかったため、そのまま水中に残り、そのイモリの前の手の脱皮殻のなかに（カラーでなくて、読者の方には、残念ながらよくおわかりにならないと思うのであるが）、緑藻が繁殖して内部が緑色になった写真である。（ぜひカバーの写真をご覧いただきたい。）

下の写真は、ある雄のアカハライモリの糞を調べていたら（そうするとその個体がどんなものを食べていたかがわかる）、そのなかから出てきたものである。

つまり、その雄は、脱皮した皮を食べていたのである。それもかなりたくさん。

私はそれを見て思ったものだ。

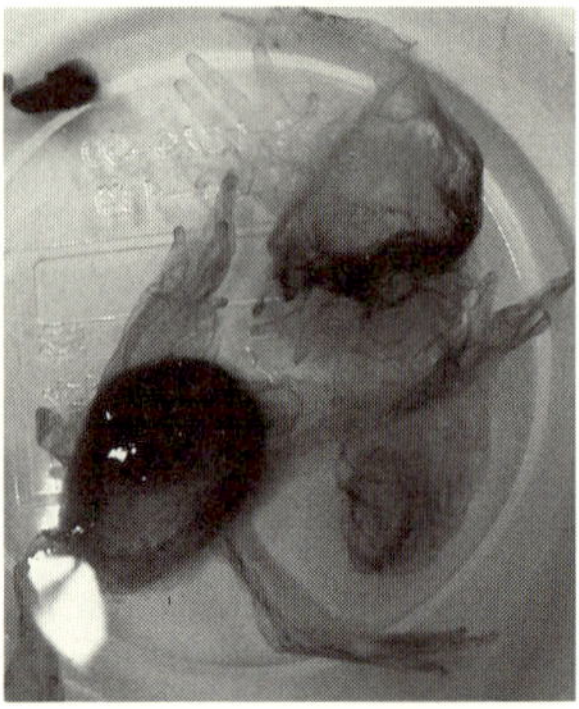

アカハライモリの糞のなかから出てきた脱皮殻。
“指”をもった手（足？）が6つもあった

このイモリは、隣近所のイモリたちの脱皮の皮も、

「おっ、お前の脱皮殻、ちょっともらうよ！」

とかなんとか言って、食べたのではないだろうか、と。指のついた手（あるいは足）の皮と思われる形のものが、少なくとも六個ほど確認できる。

それと、脱皮殻を食べても、やっぱり、それらが全部分解されて吸収される、というわけではないいんだなー、と。

まー、そんなことはいいとして、アカハライモリの脱皮のことも書いたし、これで、タイトルのノルマは、しっかり果たした、ということだ。めでたし、めでたし。

よし、**今日は気分がいいから、大サービスだ。**

サービスに、ヘビの脱皮殻もお見せしよう。（そのサービスはやめてくれ、と言われる読者の方もおられるかもしれない。まー、遠慮する必要はないから。）

ある日、実験室に行くと、冷蔵庫の上に、おそらくアオダイショウのものと思われる脱皮殻が置いてあった。尾っぽの先から頭の先まで、きれーいにつながった完全体だった。

ちなみに、ヘビの脱皮も、〝シャツを裏返しにして脱ぐように〟（今回、何度このせりふを繰り返したことか）……と言いたいところだが、おそらく〝頭の先からしっぽにかけて、靴下を脱ぐように……〟行なわれたのだろう。（〝靴下を脱ぐように〟の表現は、担当編集者のHさんの鋭い指摘に困った私がゼミ学生のIくんに相談した結果生まれたものである。私の質問に即座に答えてくれたIくんはなかなかスゴイ。）

ヘビの脱皮殻は、まず間違いなく私のゼミの学生が、小林のために持ち帰ってきてくれたものだろう、と判断した私は、ありがたくちょうだいし、講義に持っていった。（何でもいいから、インパクトのあるものを持っていって、学生たちに、私の講義が印象深いものであった、と錯覚させるのがねらいの一つである。）

まず、ヒキガエルやアカハライモリの脱皮について写

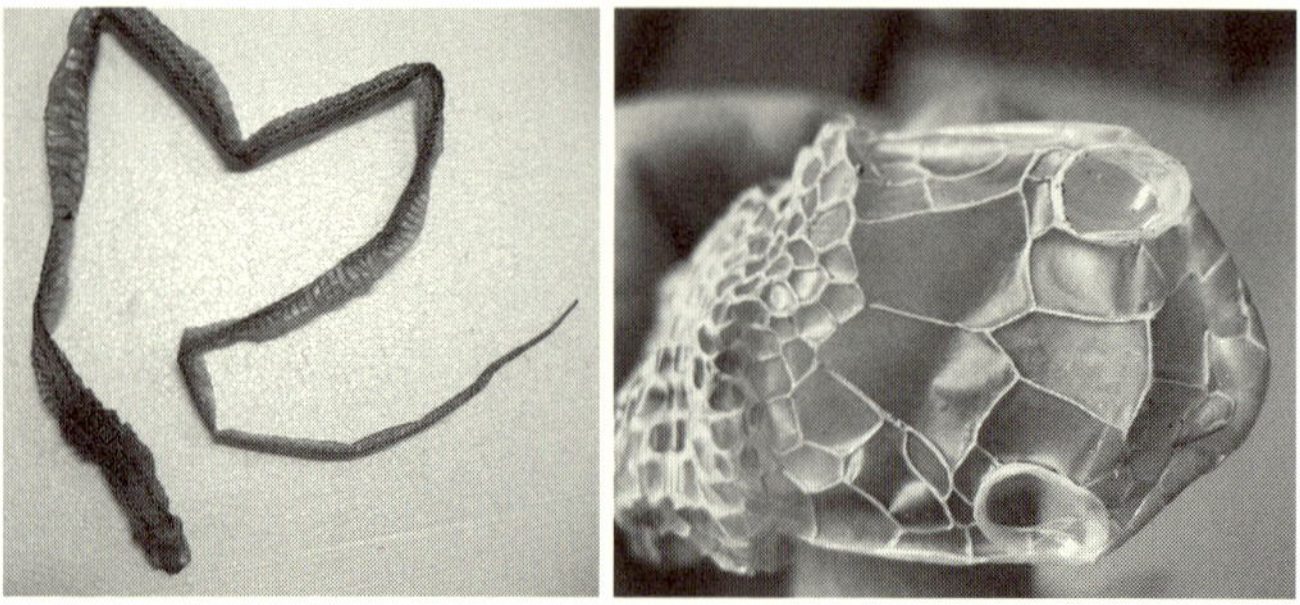

アオダイショウの脱皮殻。顔のところをアップにすると……ちゃんと裏返しになっていることがわかる。そしてなかなかカワイイ

真のスライドで話をし、次に、本物のヘビの脱皮殻を拡大してスクリーンに大きく映して見せた。

皮の顔のところをアップにして、ちゃんと裏返しになっていることを確認させたのであるが、そのとき私もはじめて、あることに気がついた。

その脱皮殻の、裏返しの状態になった顔（の殻）は、とてもかわいかったのである。

その講義のあと、ある学生からの感想・質問用紙に、次のようなことが書いてあった。

「ヘビが裏返しに皮を脱ぐというのには驚きました。脱皮殻のヘビの顔がとてもかわいかったです。一つ疑問に思ったのですが、ヒキガエルやイモリでは脱皮殻を食べるのに、なぜ、ヘビは脱皮殻を食べないのでしょうか」

これは、ある意味でもっともな質問だ。（しかし、講義の質問に、これだけしか書かない、ということは、私の講義の本題は、ほとんど印象に残らなかった、ということだろうか。）

実は、聡明な私は、ずっと前にその疑問をちらっと感じたことはあったのである。もちろん、それなりに答えはもっていた。おそらく、「**もし、ヘビが、あの乾燥した脱皮殻を食べようとしたら、喉に詰まって大変なことになる**から」ではないだろうか。だけど、その答えは、学生たちの前では発表していない。私の張りぼての威厳が損なわれる危険性があるからである。

ヤギの脱走と
講義を両立させる方法

驚きや意外性は生存や繁殖に有利に働く

五月中ごろの、どんよりした雲が広がり、少しばかりの雨が降ったりやんだりの午後だった。私はいつものように講義開始一〇分前の自転車操業の〝修羅場〟のなかにいた。

印刷室で、一五〇人ほどの受講者の「生態学入門」に使うプリントを刷っていたのである。そして、刷りながら、一方で、学生たちが前回の講義の直後に書いた質問や意見に目を通していたのである。全部に目を通し、そのなかから、その日の講義の導入で取り上げる〝質問や意見〟を決めていた。

時刻に責め立てられながらの、必死の作業である。

長年の継続のなかで、この〝修羅場〟が快感のようになっている面も否定はできない。修羅場をくぐると、なにかそれだけで達成感がある、と言えばいいのだろうか。外野手が、平凡なフライを、スタートが遅れて最後は飛びこんでキャッチし、その場面だけ見るとファインプレーのように見えるのと同じである。本末転倒の〝達成感〟ではあるが、そういうのが私はけっこう好きなのである。

その日は特に作業は難航した。印刷機が「インクがなくなりました」とか、「紙を補給してください」とか、いろいろメッセージを遠慮なく伝えてきて私を困らせたのだ。私はそれらの理不尽な要求に、ひたすら耐えながらやっと印刷を終えた。

刷りあがったプリントと、学生の講義に対する質問や意見を聞く用紙と、その日使うビデオ映像のＤＶＤを抱えて、印刷室から出ようとした。（そのまま講義室へとなだれこむつもりだった。）

……と、そのときであった。

印刷室の大きな窓から**ある光景が目に入ってきた。**

その瞬間、私の動きが止まった。

大学の林と建物の間の境界にある道路を、一頭の大きな大きなヤギが、道べりの草を食べながらゆっくり歩いているのである。

「ヤギコ」である。

そのころ大学にヤギは三頭いたが、私は、体の一部だけを見てもすぐにアイツだ、と認識できた。なにせ、彼女が子ヤギだったころから九年間のつきあいである。

大学が開設された二〇〇一年、生後二カ月の、メーメー鳴く小さなヤギコを大山《だいせん》（鳥取県でいちばん高い山）の麓の牧場から、私がもらい受けてきたのである。

その日のことは、私は一生忘れることはないだろう。

土曜日だったので、自宅の庭で一日遊ばせておいたら、何か悪い植物を食べたらしく、口から食べたものを吐いて苦しみはじめたのである。獣医さんに来てもらい、注射をしてもらったのだが、ヤギコの容態はさらにひどくなり、私は家に入れて一晩中看病したのである。そしてなんとか朝をむかえ、元気になり、家族で喜んだのだ。

その後、九年の間に大学もいろいろなことがあったが、ヤギコはいつも大学のマスコットとして、パンフレットや大学のホームページに登場した。

ヤギ部の学生も次々に卒業していき、ヤギコの九年間をずっと見守ってきた人間は私だけになった。ヤギ部というのは、大学の開設初年度に設立された学生サークルで、私はその顧問をしている。

三歳くらいまでのヤギコは、かわいいおてんば娘と

子どものころのヤギコ

いったヤギだったが、それから、体と態度が大きく大きくなりはじめ、それでも六歳ころまでは、私に対してはとても従順な態度を示し、毎日餌をやる部員にはまーそこそこ、あまりおつきあいのない人には、ちょっと〝角突き〟でびびらせる程度だったが、**九年目の最近では、私の恩を忘れ、私にまで角を振る暴れん坊のヤギになっていた。**私以外の人には、近づいただけで角で突いてくることもあった。

（ただし、私はもちろんヤギコはけっして怖くはない。私にとってはヤギコはヤギコである。私はヤギコの扱い方や力で抑えこむ術も知っている。）

私の育て方が悪かったのだろうか。私も接してやる時間がだんだん少なくなっていったのも確かで、それが悪かったのかもしれない。しかし、ほんとうのところは、それがヤギ本来の習性の一部ということだと思

9歳になったヤギコ。ゆったり座っている姿は哲学者のようだ

う。

たとえば、与えられた餌を食べるとき、母親は近づいてきた自分の子でも角突きや頭突きで追い払う。できるだけ順位を上げようとすることが彼らの生き方、習性なのだ。良いとか悪いとかいう問題ではないのである。（ただし、ヤギたちは、場面によっては、互いにすばらしい連携プレーで協力することもある。それについてはまた別の機会に。）

もちろん、育て方によっては、人間には威嚇などしないヤギにすることもできるだろう。そういう点では、ヤギコは、わがままいっぱいに育てられてきたから、体も普通のヤギより二回りくらい大きくなり、自分より順位が低いヤギに対するような態度を人間に対してとるようになったのかもしれない。

ちなみに、ヤギコはいつも乱暴なわけではない。ゆったりと木陰に座って食べたものを反芻しているときなど、ちょっとした白い髭の哲学者のように見える。もちろん近づいてもじっとしている。そんなヤギコに、柵をはさんで、悩みをもつ学生が黙って語っている光景もよく目にする。ほんとうである。ヤギコは、限りない高みから無限の慈悲であらゆるものを温かく受け入れるようなまなざしで、学生のほうを見ている。気分よく反芻をしているだけなのだろうが、神々しさのようなものが感じられるのもほんとうである。

さて、そんな**ヤギコが**（けっして、〝気分よく反芻をしている〟ヤギコではない）、こともあろうに、紐をつけず、**柵から出て道路を歩いているのである。**それはほうっておくわけにはいかない。

ヤギコの性格を知らない人物が不用意に近づいて、ヤギコが角で突いたら大変である。〝普通の〟ヤギと思って近づき、無遠慮に頭などをなでようものなら、血の雨が降るかもしれない。

これはなんとかしなければならない。（事務の人もその危険はよくご存じで、ヤギコが柵から出ているところを見たら、すぐ私に連絡をくださる。）

しかし、しかし、私は講義に行かなければならないのだ！

さてどうしたらよいだろうか。

私はまず、ヤギ部の部長のＫくんに電話した。しかしむなしく呼び出し音が響くだけである。

次に、前部長のＴくんに電話した。が、こちらも同じである。

ほかの部員の電話番号はわからない。

さてどうする！　九〇分の講義の間、ヤギコを野放しにするわけにはいかない。

追い詰められた私がとっさに思いついた方法は、次のようなものだった。

ちなみに、この方法は、（けっしてその場の思いつき……なのだが）その日の講義の内容もしっかり把握したうえでの方法だったことも強調しておきたい。

私は急いで、講義用具一式を持って講義室へ向かった。そして、いつもなら授業が始まるとすぐに〝修羅場をくぐりぬけて〟刷ってきたプリントを配るのだが、**学生たちを前に、つとめて冷静に言った。**

「では講義を始めます。突然ですが、今日の講義はまず、この講義室を出て大学の建物の裏に行きます。そこで、前回の講義でお話しした、植物による草食動物からの防衛と、それに対する草食動物の対抗、についての、ある現象を実際に見てもらいます」

さて、この打開策は、いかにも安易な思いつきのように思われるかもしれないが（実際、数秒間で思いついたものなのだが）、その内容の裏には、私の必死の思いが生み出した次のような深遠な背景があったのだ。

前回の講義で、私は、野生の植物が、ウシ類やシカ類などの草食動物に対して進化させている防衛戦略の一つとして、草食動物対抗〝有害化学物質〟の話をしていた。そして、その対抗手段に対する、草食動物による、さらなる対抗手段についても。

要約すると以下のようになる。

基本的に動けない**植物は、草食動物がある程度の量の葉っぱなり枝なり実なりを食べたとき、体調に異常をきたすような物質を植物体内（の細胞内）で生産している。**

われわれに身近な「タンニン」もその一つであり、摂取しすぎると害になる（少量だと薬になるが）。

北海道大学の斉藤隆さんと森林総合研究所の島田卓哉さんは、私も研究や私生活でいろいろとお世話になっているアカネズミが、ミズナラのドングリばかりを餌として与えられると（もちろん水も与える）、二週間後には八〇パーセント近くのネズミが死んでしまうことを報告されている。そしてその原因物質はミズナラが生産するタンニンであることもわかっている。

これはネズミの場合であるが、ウシ類やシカ類の場合も同じで、それぞれの植物種は独自の対草食動物有害物質をつくって、動物が自分（それぞれの植物）をたくさん食べると、体に変調をきたし、もうその植物は食べないようになることをねらっているのである。

それに対し、**草食動物の側も、植物がつくる有害物質対抗手段を進化させている。**

その一つは、同じ種類の野生植物（仮にA種とする）ばかりを食べつづけるのではなく、ある程度食べたら、次の種類の植物（B種）に変える、という戦略である。

そうすれば、A種が生産する有害物質（aとしよう）が動物に害をおよぼす量に達する前に、動物はaを体内に取りこむのをやめることができるというわけである。（数日間、aを食べないでおけば、aは体内から排出され、やがてまた動物はaを食べてもよくなる。）そして、有害物質bについても同じようにしていく。

したがって、**草食動物は、野生では、同じ種類の植物を食べつづけるのではなく、種類を変えながら採食している**ことがわかっている。それは植物にとってももちろんいいことである。

結局、動物に少ししか食べられないわけだから。

そして、私のゼミで卒業研究をした初代ヤギ部部長のYさんと会計のTさんは、ヤギでもそういった野生草食動物の習性が残っているのかどうかを調べ、（ザーネンという品種の系統にほかの品種がまじった）ヤギでも、確かにその習性をもっていることを確認した。そのときに調べたヤギこそ、前述の、何を隠そう、まさに、「ヤギコ」だったのである。

さて、読者のみなさんには、私の、とっさの（苦しまぎれの、とも言うが）〝打開策〟の内容がだいたいおわかりになってきたと思う。

その内容を手短にしゃべったあと、「これから、建物の裏で、ある草食動物が植物を食べているところを実際に見てもらいます。ほんとうに、植物の種類を変えるのかどうかしっかり観察してください」と言った。

そして、すぐにそれは危険だ（無理だ）、と気づいて、「現地で私が解説しますから、みなさんは、今日の感想・質問の用紙に、ヤギの植物の食べ方について記録してください」と加えた。

「では急いで私について来てください」

そう言って、私はヤギコのところへ向かった。

学生たちはとにかくついて来た。ちょっとしたお祭り気分のような雰囲気が伝わってきた。なにせ受講学生は二〇〇人近くいるのだ。

私は急いだ。

現場に着くと、外は雨が降っていた。

急いでかけつけると、ヤギコは校舎の“のきした”で雨宿りしていた

そしてなんと、ヤギコは、降ってきた雨を嫌がったのか、裏出入り口のすぐそばの〝のきした〟までやって来て雨宿りをしていたのである。

一足先に到着した私は、たまたま近くに止めていた私の車からカッパと帽子を取り出し、裏出入り口から少しおくれて出てきた学生たちを、ひとまずなかに押しもどした。

ヤギコのことをあまり知らない学生が、不用意にヤギコと接触したら危険だと思ったからである。

そして、まず、私がヤギコの首輪をつかみ、入学して間もない（でも顔なじみの）学生のMくんに、ヤギ小屋からリードを持ってきてくれるように頼んだ。

それから、ヤギコをリードにつなぎ、学生たちに「もう近づいてもいいよ」と声をかけ、**草食動物の採食行動の〝実験〟に取りかかった。**

幸い雨が小降りになったので、「ヤギコ、草を食べるぞ」とかなんとか言ってリードを引っ張り、コンクリートの階段を上り、ヤギコを道路わきの草が生えている場所に連れていった。

「ほら食べろ」と言うと、ヤギコはちゃんと私の言うことを聞いたかのように食べはじめた。

さて、問題の、ヤギコが食べる草の種類である。

道路わきには何種類かの草が生えていたが、こんなときのヤギコはたいてい、私を助けてくれる。

まずメリケンカルカヤを食べはじめる。

「よし、もうそろそろ次の草をいこう」

するとヤギコは木本性のメドハギを食べはじめる。

「メリケンカルカヤから、今、メドハギに変えました」

私は、実況中継をしながら、ヤギコが食べている草をちぎって高くかかげ、その植物の名前を学生たちに言った。

カラスノエンドウ、次に再びメリケンカルカヤを少し食べて、メヒシバ………。(この順序は、実際に学生が〝感想・質問の用紙〟に記録していたものである。)

とにかくヤギコは、植物の種類を変えながら食べて

草食動物の採食行動の“実験”中

いったのである。………こうして私の〝思いつきの〟打開策は、八割方、成功した。

「それでは講義室に帰りましょう」

私は時を見計らって学生たちに声をかけた。そして、学生たちが講義室に向かっている間に、ヤギコをヤギ小屋に連れていき、首輪に紐をつけて柵につないだ。（Mくんが途中まで、興味深そうについてきた。）

あとは、ヤギコが柵から脱出した原因を見つけ、それを直せば完了、ということになる。でもそれは講義が終わってからのことだ。

まずは、講義室で、「草食動物の採食行動の実際の観察」という、ちょっと普通の講義ではできない体験ができたことを幸福に思ってもらい、同時に、それがあらかじめ計画された講義の流れであるかのように思ってもらい、そのうえで、その日の本論に入っていく

学生たちは講義室へ。ヤギコはヤギ小屋へ。
Mくんが興味深そうについてきた

ことが大事だ。それがなによりも大切だ。
そして私は、それをやり遂げた。そういうことにかけては自信があるのだ。

このように書くと、何か私が、いかにもまったくごまかしているように感じられる読者の方もおられるかもしれない。しかし、ちょっとそれは違うのである。そのことを最後の数行でお伝えしておかなければならない。つまり、こういうことだ。

その日の講義は、〝ヤギコの採食行動観察〟で始まり、植物の有害化学物質以外の「対捕食者防衛戦略」(たとえば、自分の葉が食べられると葉から揮発性の物質を空気中に発散し、自分を食べている捕食者の天敵をひきつける……などなど)について、実験例やビデオなどを示しながら解説した。

そして、それらの植物の防衛行動に対する動物の側の対抗行動についても解説した。

ちなみに、生態系のなかで、〝食う—食われる〟の関係の生物の数のバランスが取れているのは、両者の間に、このような、しのぎを削る進化競争が起こっているからなのである。けっして、自然界が本来的に、〝調和〟を保つ力をもっているからではない。

そして、その日の講義内容への導入として、〝ヤギコの採食行動観察〟というハプニングは、よい効果をもたらしたと思うのである。思いがけない導入があったからこそ、学生諸君は、植物の戦略について興味をもって、その後の講義にのぞめたと思うのである。

実際、その日の講義終了後の〝感想・質問の用紙〟を読んでみると、何気なく見すごしてしまう現象の背後に、植物や動物の、しのぎを削る一生懸命の戦略があることが実感できた、といった内容の感想がめだった。

Mくんは、「今日の講義はとても面白かった」と書いていた。（おそらく、最初のハプニングが面白かったのだろう。）


確かに私は、講義前に、ヤギコが柵から脱出することを予知していたわけではない。しかし、私は、講義に関して、**ハプニングを歓迎する気持ちを脳の奥にもっている。**さすがにハプニングが起きたときは（その内容にもよるが）、うろたえることが多いが、**脳の奥が、「チャンスだ」と言う。**

実際、それはチャンスであることが多いのだ。

ハプニングは、学生を驚かす。こちらにとってもハプニングであれば、なおさら学生にとって意外性が大きいはずだ。その〝驚き〟や〝意外性〟が、学ぶものの脳を、学習の姿勢に移らせるのである。

〝驚き〟や〝意外性〟は、「自分はそれを知らない」ということの信号であり、だから脳は「それを学ぼう」とするのである。それは、生存や繁殖にとってとても有利に働く戦略なのである。

実は、われわれが「芸術」とよぶ作品や行為についても、この〝驚き〟や〝意外性〟が深く関係している（というのが私の持論である）。

われわれの、垢にまみれ新鮮さを失った認識に、驚きとともに新鮮な感覚をよみがえらせてくれる作品や行為に、われわれは「芸術」を感じるのである。絵画の歴史は、対象の捉え方の進化の歴史であった。（印象派も立体派《キュービズム》も、えっ！　こんな捉え方ができるのか、と人々を驚かせ、新しい認識に導いた。短歌や俳句、詩でも、言葉や現象に新鮮な感覚を浮かび上がらせる。）

一見、相反するような事象を統合して結びつけるところに、新たな認識が生まれ、それはしばしば「創造的」とよばれるのである。

（講義直前にヤギが逃げただけのことを、芸術や創造性にまで結びつける……私の強引な話の展開力も、**われながらあっぱれだと思う。**）

だから私は、ハプニング、アクシデントが好きであり、私の脳の奥には、それを利用してやろうという気持ちがいつもあるのだ。

だから、ヤギコ脱出ハプニングは、半分はごまかしたのだが、半分は、「準備していた」と言っても許してもらえる……のではないだろうか。

ちなみに、ヤギコ脱出ハプニングの収拾に一役買ってくれ、そのときの講義を「面白かった」と書いてくれたMくんは、その後ヤギ部に入り、今、部の中心メンバーの一人になっているのだ。

いや、実にすばらしい。

海辺のスナガニにちょっと魅せられて

砂浜に残された動物たちのサインを読む

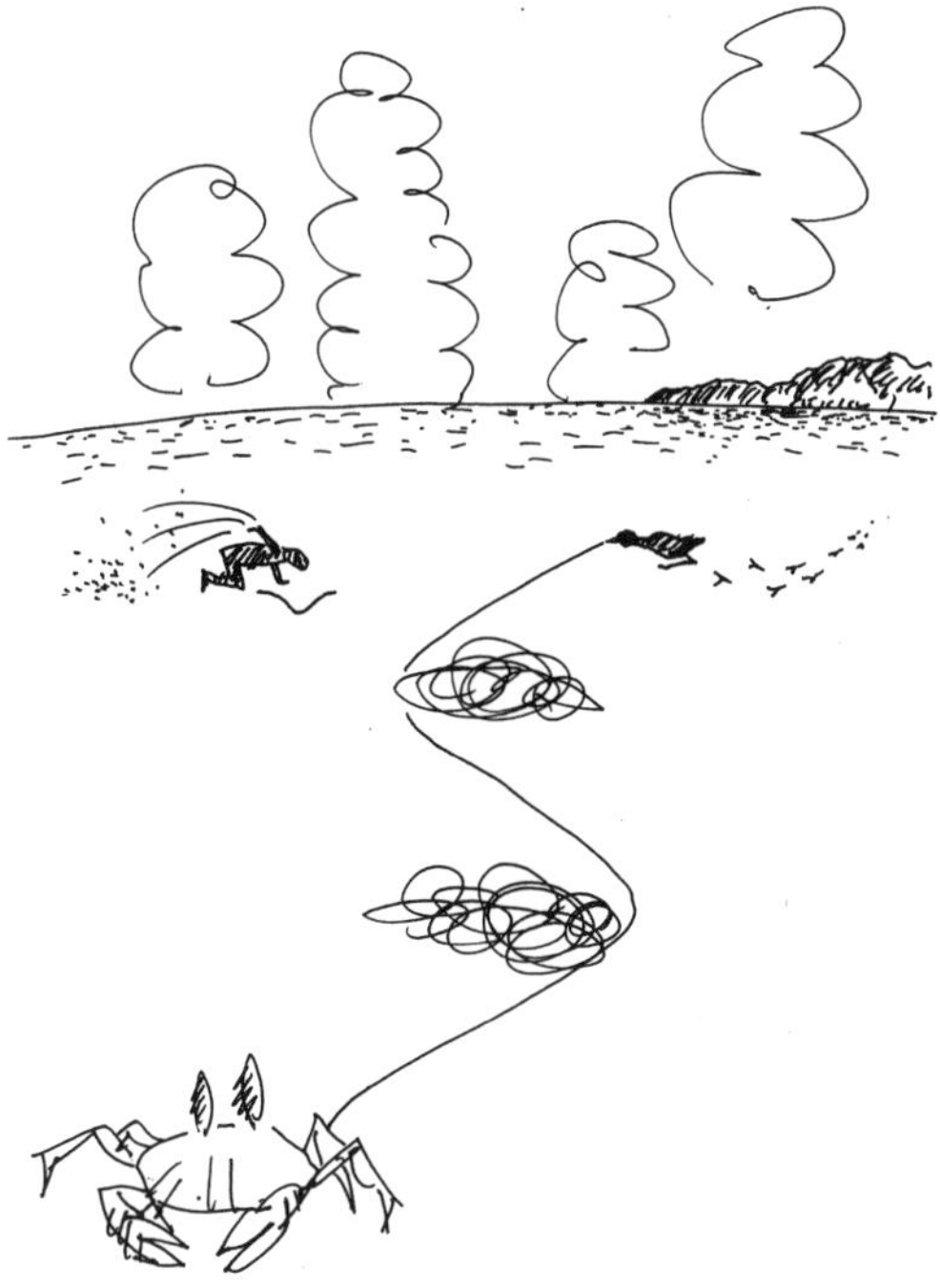

まず、左の写真を見ていただきたい。これが私の、海辺の砂浜の調査フィールドである。（日本海に面する鳥取砂丘の端にある。）

どこまでも続く、突きぬけるような青い空（ちょっと雲が浮かんでいるがそこがまたいい）。

その下の、どこまでも続く青い海。

その手前の、海の波を受けながら広がる砂浜。

その手前の、コケのかたまりのように自生した植物群落。

私はこの調査地に入るとき、いつも、この情景が見える入り口に立つ。その情景に心がぱっと明るくなり、その美しい情景のなかに、ワクワクしながら進んでいく。

そうしたら、その情景は、ただの美しい情景ではなく、さまざまな生き物たちが、それぞれの習性を支えに懸命に暮らす情景へと、深く深く味わいを増すのである。それが、**私を、なんともうれしい幸福感で満たしてくれる**のである。

私は、この砂浜と草地を、あるときは画家や詩人のような気分で、またあるときは（「たいていは」、と言ったほうがいいけど）獲物を探す狩猟採集人のように、歩きまわる。それは、人一倍繊細な心をもつ私の、人生のなかで避けて通ることができないいろいろな辛さや悲しさ

海辺のスナガニにちょっと魅せられて

を、力に変えてくれるのである。(………なんちゃって。ちょっと詩人の気持ちで言ってみました。)

そんなフィールドが私にはいっぱいあるのだ。

次に、この章の主人公であるスナガニの写真を見ていただきたい。

まだ成長しきっていない雄のスナガニである。(雄か雌かは、腹の形態でわかる。雌は卵を抱えられるような構造になっている。)

この、いかにもやんちゃそうなスナガニが、なぜ脚に糸をつけているか? それは、あとのお楽しみである。

森には森の面白さがあり、川には川の面白さがある。どんなところでも、そこに特有の面白さがある。

そして、「海辺の砂浜」特有の面白さは、浜辺に打

この章の主人公のスナガニ。脚の糸の理由はあとのお楽しみ

ち上げられる海藻や木材と、それらに付着してついてきた多種多様な動物たち。浜辺でそれらを餌にして活動する、これまたさまざまな種類の動物たち。そして、忘れてならないのは、それらの動物たちが、砂の上に残した〝行動の痕跡〟である。

「浜辺に打ち上げられる海藻や木材と、それらに**付着してついてきた多種多様な動物たち」のなかで、最近出合った印象深いものは?**

……と聞かれたら、私はちょっと迷って、**「エボシガイ」**をあげるだろう。

エボシガイというのは、71ページの写真でもおわかりのように、エボシ(昔、公家や武士がかぶった一種の帽子)のような形の殻をもった(貝ではなく)甲殻類である。甲殻類というと、カニやエビを思い出され

上が雄で下が雌。雌のお腹は卵を抱えられるような形になっている

る方が多いと思うが、甲殻類のなかには、このエボシガイやフジツボのように、本体は何かに着生して動かず、本体からはけのような構造物を海水中に出して、海水中の有機物やプランクトンをこしとって食べるような動物もいるのである。

エボシガイは、砂浜に打ち上げられた木材やビンなどの表面によく見られ、小さなエボシ形の殻が群生している。

しかし、**私が最近見つけたエボシガイは、ちょっと違った。**

普通によく見るエボシガイを、チワワだとすると、ある日、私が砂浜で見つけたエボシガイは、大きめのセントバーナード、と言えばよいのだろうか。

いや、生物学的に正しく表現すると、「普通によく見るエボシガイを、生後五日のセントバーナードの子どもだとすると、ある日、私が砂浜で見つけたエボシガイは、成長した大きめのセントバーナード」、と言えばよいのだろう。

いや、イヌは哺乳類だから、正確には、「普通によく見るエボシガイを、孵化したてのイセエビの幼生だとすると、ある日、私が砂浜で見つけたエボシガイは、変態して大きくなったイセエビ」と言えばいいのだろうか。

いや、普通によく見るエボシガイは、すでに変態は終わっているから……。

上の2枚は普通のエボシガイ。真ん中と下が最近見つけたもの。ここまで成長したものはめずらしい。チューブのようなものが殻の下についていた。これはほとんど見ることができない

要するに、ある日、私が砂浜で見つけたエボシガイは、「普通によく見るエボシガイ」からはちょっと想像できないくらい（エイリアンみたいな）迫力ある姿だったのだ。「普通によく見るエボシガイ」は、まだまだ成長していない幼体で、私が見つけて驚いたエボシガイは成長したエボシガイだった。大きさもさることながら、形態も一見異なり、幼体にはほとんど見られないチューブのようなものが殻の下についていた。

もう一つ驚いたことに、打ち上げられて海水から完全に体が出てしまっているのに、殻のなかのはけをちょろちょろと動かし殻から出し入れしていたのだ。（あとで、事典で調べたら、私が見つけたほど成長したエボシガイはめったに見られないものだとのことだった。）

大きな丸太に、もう丸太の表面は見えないくらいびっしり着生しており、私はそれを発見したとき、最初ギョッとしたが、やがてとてもうれしい気持ちになった。

そして、十分観察したあと、海へ帰してやろうと、一人で波が来るところまで移動させた。しかし、何度、海へ帰してやっても、何回かの波で、また押しもどされ、はじめと同じように砂浜に漂着した。

たまたま、同僚のA先生が近くにおられたので、頼んで桟橋まで二人で運び、上からドボーンと海へ帰してやった。重労働だった。A先生には申し訳なかった。

「浜辺でそれらを餌にして活動する動物たち」で、（スナガニ以外で）最近出合った印象深いものは？と聞かれたら、私はちょっと迷って、**「ヒメハマトビムシ」**をあげるだろう。

ヒメハマトビムシは、砂浜のお掃除屋さんのような存在で、砂浜に打ち上げられた海藻の一部や、海藻につくカビ類などを食べる、私にとっていちばんなじみの深い砂浜の住人である。

日中は、砂浜に掘った小さい穴のなかや、打ち上げられた海藻類（コンブやホンダワラなど）の下に隠れているが、夕方になると、外に出てきて、波打ち際などを移動して餌を探す。時々、私に追いかけられて、ピョンピョン跳んで移動する。愛すべき動物である。

先日の土曜日の朝、砂浜に行くと、その**ヒメハマトビムシが、なんと、砂浜に降り立った黒色の羽のつい**

羽アリを襲って捕獲したヒメハマトビムシ。
これはちょっとしたスクープ写真である

たアリを襲っていたのだ。羽のついたアリと聞くとシロアリを思い浮かべられる方も多いと思うが、通常のアリ（シロアリは分類学的にはアリの仲間ではなく、ゴキブリの仲間に近い）でも、巣別れのときなど、羽のついたアリが生まれる。

ヒメハマトビムシは雑食性なので、そりゃ、動物性の餌を食べても驚かないが、浜辺をよたよた歩く黒い羽アリ（種類は不明）にとびついて噛みついて食べはじめたのには驚いた。長年見てきて私の脳のなかにつくられていた**ヒメハマトビムシのイメージが、変わった。**

（この〝変わった〟という体験を脳は喜ぶのである。詩人も画家も狩猟採集人も科学者も、〝自分の認識が変わること〟＝〝対象の理解が深まった〟を喜ぶのである。それが好奇心や学習欲求や芸術活動の生物学的な原動力なのである。）

「動物たちが、砂の上に残した〝行動の痕跡〟で、最近出合った印象深いものは？」と聞かれたら、私はちょっと迷って、**「シロチドリのビニール袋あさり」**をあげるだろう。

シロチドリは、私が浜辺で時々会う鳥の一つである。私のフィールドへは群れでやって来て、浜辺に打ち上げられた、海藻や川から流れてきた植物の下の動物を食べている。先ほどのヒメハマトビムシやスナガニなどもねらわれる。

ある休日の朝、そのシロチドリが、明らかにビニール袋の下あたりに潜んでいた大物を、見つけ、格闘し、おそらく捕まえて、飛び去った、と思われる跡を、砂浜に見つけた。**足跡を丹念に調べることによって、シロチドリが、餌をめぐってどんなステップを踏んだか、わかる**のである。

ちなみに、私は、このように、砂浜につけられた跡などから、生物たちの営みを読みとる活動を、ビーチ・リーディング Beach Reading とよんで、一人で普及に努めている。

もう普及が行きわたって、浜辺に関心がある人ならみんな知っている活動に、ビーチ・コーミング Beach Combing がある。ビーチ・コーミングは、浜辺に打ち上げられているさまざまな人工物や自然物を拾い、

砂浜に残された足跡から、シロチドリがビニール袋のまわりをどのように動いたかがわかる（写真中の黒の線はわかりやすくするために記入したもの）

そのまま部屋に飾ったり、アクセサリーにしたりする行為である。一方、ビーチ・リーディングはあくまで海辺の生物の行動や生態を楽しみながら読みとろうとするフィールドワークである。

読者の方で、興味をもたれた方は、この用語を広めていただけないだろうか。用語が広まるだけでも、浜辺の動物たちの営みに興味をもつ人や機会が増え、海辺の野生生物やその生息地としての海辺の保全にもプラスになると思うのである。(それと、とにかく、浜辺を歩く楽しみが増えるし。)

ちなみに、一九七三年にノーベル賞を受賞したイギリスの動物行動学者ニコ・ティンバーゲン氏は、浜辺をこよなく愛し、「動物たちが、砂浜の上に残した〝痕跡〟」だけで学術論文を書いている。

その感性と発想が、すばらしい。

さて、では**本章のメインディッシュである〝スナガニ〟の話である。**(スナガニは、人間が食べてもあまり美味しくないであろうが。)

以前から、私は、スナガニには興味をもっており、大学での実習のプログラムにも入れていた。

そのスナガニとのつきあいが、いっそう深くなったのは、私のゼミのある学生の卒論がきっかけだった。

四年生になって、それまでほとんど連絡がつかなくなっていた彼（Kくん）が、ふらっと研究室に現われたのは、数カ月後に卒業が迫った一一月ごろだった。

それまでの卒業研究のテーマにはもう関心を失っていたKくんといろいろと話をして、Kくんが将来、動物のフィギュア（プラスチックなどでつくる、動物の姿を忠実に再現したような小さなモデル）をつくるような仕事につきたい、と強く考えるようになっていたことを知った私は、それに結びつくようなテーマをと、一生懸命考えた。それは、一つには、Kくんの性格から考えて、そのときのKくんの希望に関係し、Kくんが興味を示すようなテーマを見つけてあげれば、Kくんは一途にそれに取り組むだろう、と思ったからでもある。

そこで、私の脳に浮かんできたテーマというのは、**「スナガニの巣穴の内部構造を、ポリエステル樹脂をなかに流しこんで型をとることによって、明らかにする」**というものだった。

そのとき私は、Kくんに言ったのだ。

「将来、単なる動物のフィギュアではなく、その動物の生態・習性を感じさせるフィギュアをつくったらどう?」と。

そして、それが、「スナガニの巣穴の内部構造を、ポリエステル樹脂をなかに流しこんで型をとることによって、明らかにする」という発想につながったのである。

もちろんそれは、学術的にも価値のある研究で、それまで、スナガニの巣穴がどんな内部構造になっているのか調べた研究はなく、それを知ることはスナガニという動物の理解に欠かせない知見でもあった。巣穴の深さや、形、年齢や性別による構造の違い、といった点も興味深いところであった。

さらに、私は、それまでの、私自身の観察から、スナガニの巣穴が、垂直に下に伸びているのではなく、少し傾いて、斜めに伸びていることに気づいていた。だから、その傾き方が、たとえば、波打ち際、つまり、海に対して一定の方向を向いている、などの特性もわかるかもしれない、とも考えていた。

「ポリエステル樹脂をなかに流しこんで型をとる」というアイデアは、私が考えたのではない。水産大学校の浜野龍夫先生が、シャコなど、干潟の砂泥底などに巣穴を掘って生活する動物の巣穴の形を調べる方法として、論文に書かれていたのを思い出したのである。以前、私はその論文を見て、脳がちゃんと反応し、記憶のなかにしまっておいてくれたのだ。

ちなみに、ポリエステル樹脂を使う前は、石膏を流しこんで巣穴の型をとる方法なども行なわれていたが、うまくいかない場合のほうがずっと多く、また、巣穴の細部の構造はとても型にとることはできなかった。

ところで、この私の提案のポイントは、Kくんの将来の希望にもつながるテーマ、というところである。私は、〝動物のフィギュアづくり〟という作業の熟達にもつながり、それに、動物の生態・習性についての学術的な知見の追究という要素が加わるようなテーマにこだわったのだ。

スナガニの巣穴の入り口を囲むように、プラスチックの円筒を砂にさしこむ。そのプラスチック円筒内に液状のポリエステル樹脂を流しこむと、まず円筒のなかにたまり、それから巣穴のなかに流れこんでいく（右）。1日後、ゴボウを掘るように砂を掘っていくと、巣穴の内部の形状で固まった樹脂の棒が掘り上がってくる（左）

幸い、Kくんはその提案を受け入れてくれ、私が予想したように、自発的にどんどん作業を進めていった。

一度、Kくんが、「実家でつくったものです」と言って、ブラックバス（大きく口を開けたブラックバス）の、等身大近くあるフィギュアを私に見せてくれたことがあった。動物の彫塑には、ちょっとうるさい私であったが（実際、私は、いろいろな素材で立体の野生動物をつくっている）、Kくんのフィギュアには脱帽した。その技術で、Kくんは工夫を重ね、いくつもの問題を解決しながら、**スナガニの巣穴の型どりの技術を上達させていった。**

砂浜の巣穴は、干潟の砂泥底の巣穴とは、また違った難しさがあったのだ。

下の写真の巣穴の型（横にいるのは、私が大きさを比較していただくために置いたスナガニの実物であ

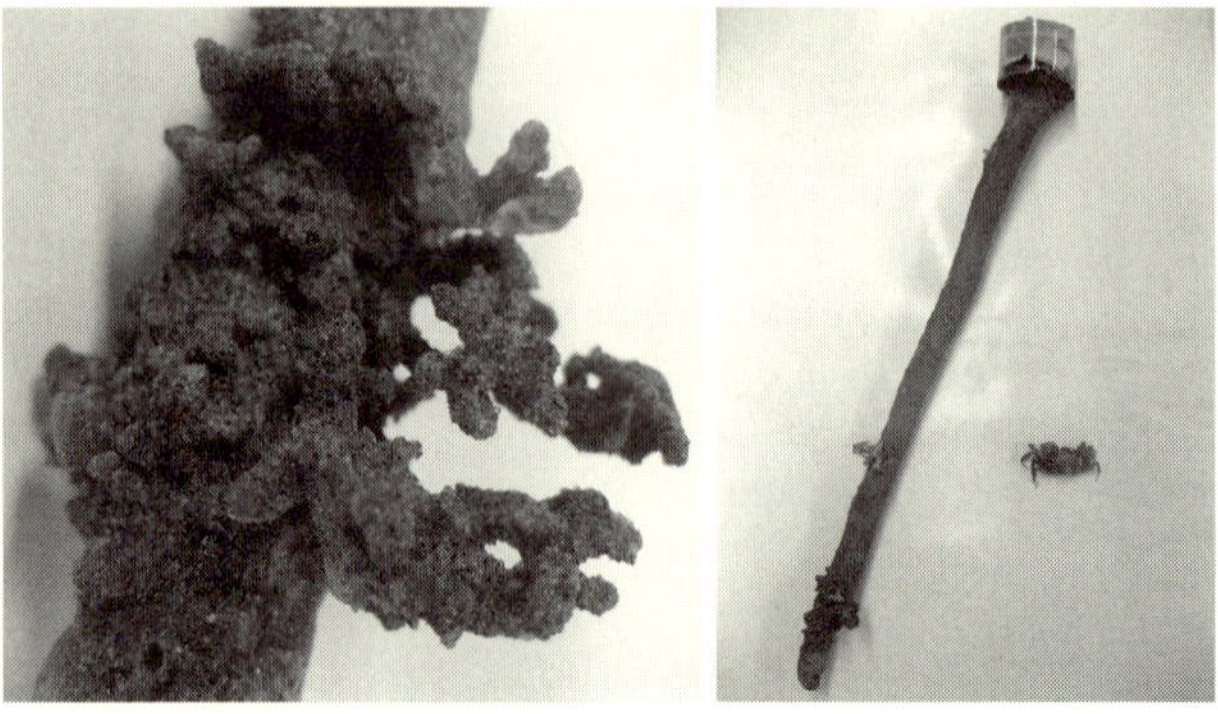

Kくんがとったスナガニの巣穴の型（右）。左は巣穴の下にある、天カスのような構造

る）は、Kくんがとったスナガニの巣穴の型である。現在、私も実習で、学生と一緒に、スナガニの巣穴の型どりをやっているが、これだけの型はなかなかとれない。

ちなみに、巣穴の下のほうにある、天カス（うどんにかける、あの天カス）が連なったような構造は、何かの間違い（たとえば、樹脂が巣穴から外に漏れ出したりしたとか）ではなく、スナガニの巣穴の、実際の構造を（文字通り）型どった跡だと、Kくんも私も考えている。

もちろん、スナガニは大きいから、この天カスのような構造はつくれない。としたら、ほかの動物（たとえば、ヒメハマトビムシ）が、スナガニの巣穴のなかに共生していて、スナガニの巣穴のなかに、さらに自分のための穴を掘っている跡かもしれない。今後のテーマである。

Kくんの研究によって、先ほど私が書いた疑問も、大方の答えが得られた。Kくんが得た結果によると、スナガニの巣穴は、**海から遠ざかるように傾きながら、下方へ伸びている場合が多い**ことを物語っていた。

そんなこともあって、**私は、スナガニにさらに傾倒していった。**そして、私は、スナガニが、砂浜で、どんな生活をしているのか、たとえば、どれくらい移動しどんなものを食べているのか、巣穴は一週間に何本くらい掘るのか、スナガニ同士はどのような規則にのっとって巣穴の位置を決めているのか、スナガニは、他個体を追い払うような縄張りのようなものをもつのか、とか……を調べたくなっていた。

たとえば、下の写真を見ていただきたい。

これは、調査地の砂浜でよく見られる、スナガニの複数の巣穴である。穴の周囲の砂の上に跡として残っている短い線は、スナガニが歩いた跡である。穴を掘るとき、掘り出した砂を周囲に捨てるときについた脚の先の鉤爪がつけた跡だ。

次ページの写真の場合、上端の穴のスナガニが、〝乱暴に〟、下側のスナガニの巣穴に砂をかけながら穴を掘った様子がうかがえる。穴によっては、〝乱暴もの〟スナガニによって巣穴の入り口を砂でふさがれたように見える穴もある。

ひょっとすると、スナガニたちの間で、巣穴を中心としたさまざまな競争というか攻防というか、そうい

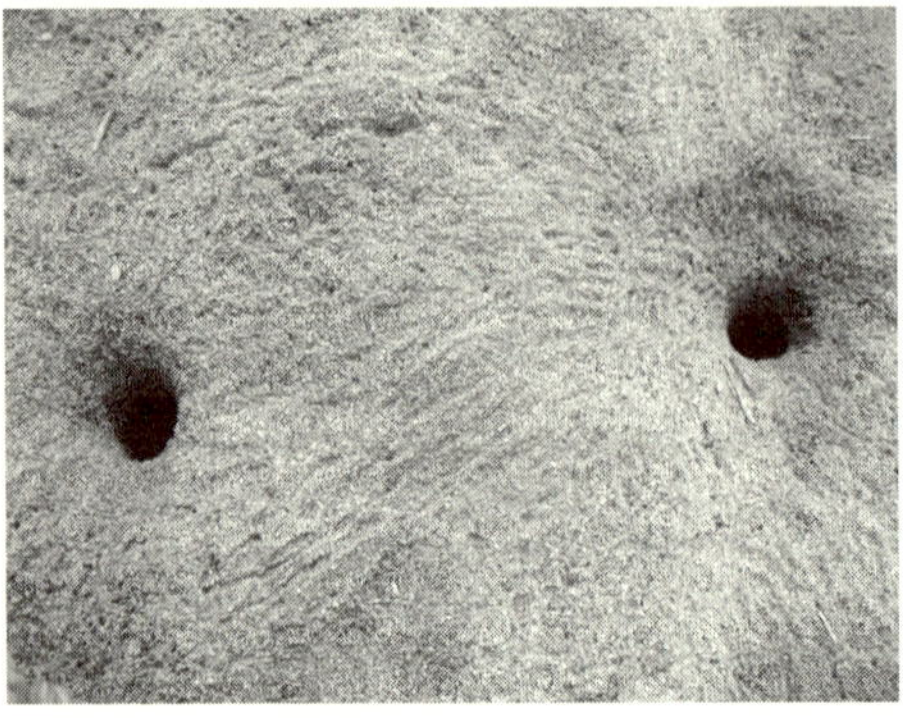

スナガニの巣穴。穴の周囲の細い線は、スナガニが歩いた跡だ

上の穴のスナガニが、下側のスナガニの巣穴に砂をかけながら巣を掘った様子がわかる。なかには入り口をふさがれている穴もある

ったやりとりがあるのかもしれない。

私は、そんなスナガニの生活を調べるために、とりあえず、いろいろと忙しい私にでもできる、ある二通りの方法を実行してみることにした。

〝二通り〟のうちの一方の方法は、**〝研究室で飼育して間近で見る〟**ということである。これは簡単で低級な行為のように思われがちだが、実は奥の深い、実りある方法なのである。(ただし、それ相応の観察力と思考力が必要だが。)

前述のニコ・ティンバーゲン氏とともに、一九七三年にノーベル賞を受賞した〝動物行動学の父〟コンラート・ローレンツ氏は、動物たちをただただ観察することが大好きで(本人が著作のなかで言っている)、飼育しながら観察することで、ノーベル賞につながるアイデアを次々と生み出していったのである。

3匹のスナガニを大きな水槽で飼育した

私はさっそく、調査地の砂浜から連れて帰った三匹のスナガニを、五〇センチ×四〇センチ×高さ四〇センチの大きな水槽で飼育しはじめた。(私には、もちろん、ローレンツ氏のような観察力や思考力はないが、観察が好きな点は負けない。)

水槽の底には三〇センチくらいの深さで砂を入れておいたのだが、はじめて水槽にスナガニを入れたとき、二匹は、穴を掘らず、体を左右に揺らすようにして砂のなかにもぐりはじめ、やがて砂のなかに姿を隠した。

一方、残りの一匹は、私の見ている前で、巣穴を掘りはじめた。

私は、そのスナガニの動作を見て、改めて、「横長の直方体に脚が突き出たような形態のスナガニが、どのようにして丸い穴が掘れるのか」について、これまで疑問にも思わなかったことを恥じた。

2匹は穴を掘らずに砂のなかにもぐり、1匹は巣穴を掘りはじめた

巣穴を掘りはじめたスナガニは、ほーっと思わせる動作を見せてくれたのである。その動作とは、こうである。

直方体の体を、面積がいちばん狭い面を下にして横向きに立ち、横向き・縦長に立った体を、ドリルの先のように左回りに回転させながら、砂を掘り進んでいくのである。（そうすると、穴は円筒形になる！）

そして、しばらく、体の回転とともに穴を掘り進むと、スナガニは巣穴から出てくる。掘った砂をハサミに抱えて外に捨てにくるのである。その砂は、もし、砂が圧力をかけると固まるくらい湿っていると、球のような形になって巣穴の外に出され、そこに置かれる。砂が乾いていると、ざらざらの〝粉〟として、巣穴の前に盛られる。これを繰り返して、巣穴はどんどん深くなるのである。

餌として金魚のフレークのような餌を与え、蒸発する海水（正確には水の成分だけ）をもとの状態に保つために水を霧吹きでかけ、飼ったのであるが、一カ月くらいすると、はじめ複数あった巣穴の数が減っていき、やがて一つだけになった。その間に、それぞれの個体が、巣穴のリフォームをさかんに行なっていた。

その理由を調べるべく、私は、水槽の砂を掘り起こしてみた。すると、三匹のスナガニのな

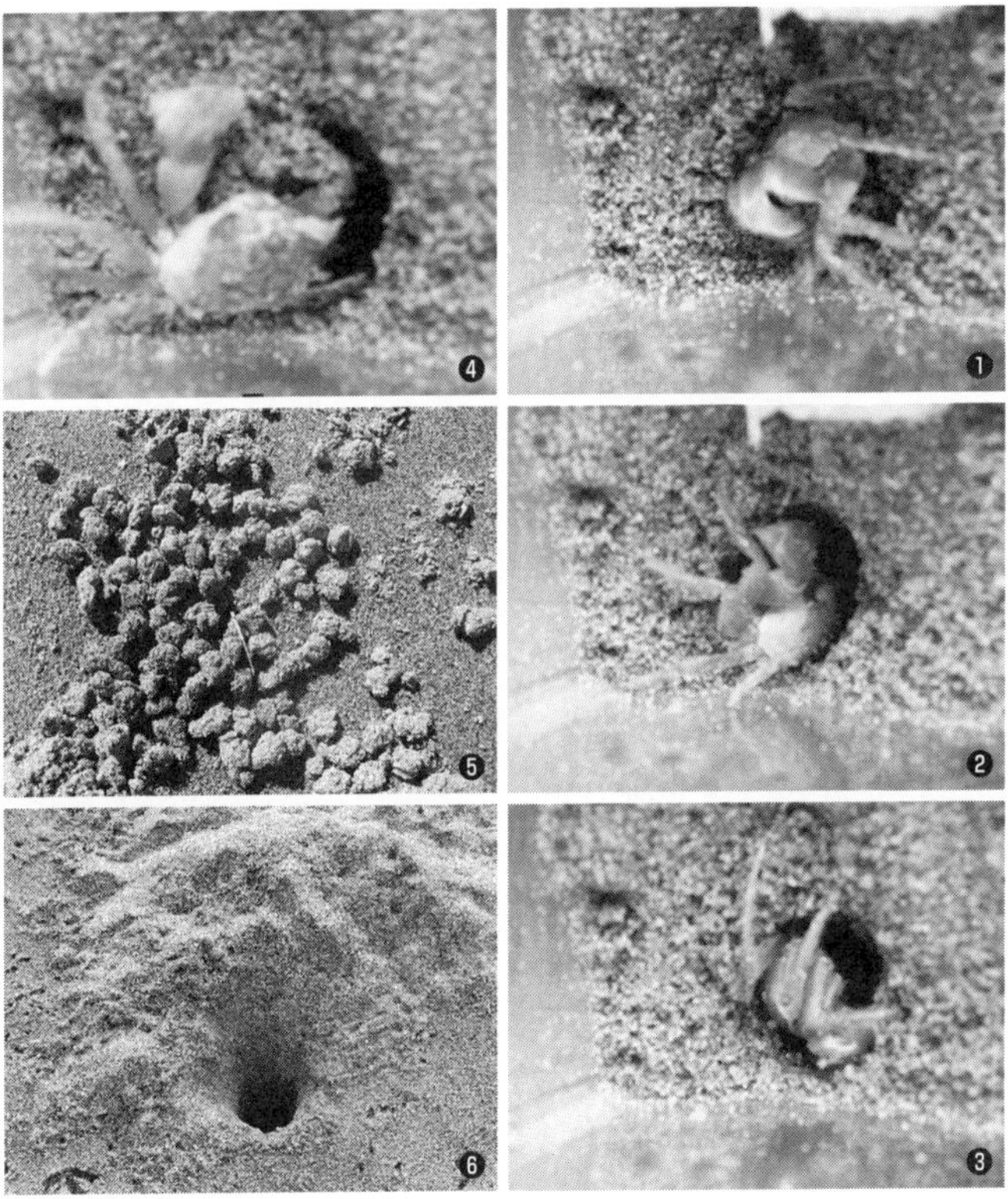

スナガニが巣穴を掘るところ。❶〜❸横向きに立ち、左回りに体を回転させながら、掘り進む。❹しばらくすると、掘った砂を抱えて外に出す。❺砂が湿っていると球のような形になる。❻巣穴のでき上がり！

かで、比較的体の小さかった二匹は、砂のなかで死んでおり、いちばん大きかった個体だけが元気で生きていたのである。

水槽での飼育から私が思ったことは、「狭い場所のなかでは、スナガニ同士の間で、何らかの戦いが起こるのではないか」ということ。（大きいスナガニが直接ほかの個体を攻撃する場面は見なかったが、ほかのスナガニが巣穴の入り口付近にいるとき、そばを大きなスナガニが通り、ほかのスナガニが巣穴にさっと入りこむという場面は何度か見た。）それと「スナガニは、動物として面白いし、かわいい」ということであった。

さて、スナガニを調べる〝二通り〟の方法のもう一つは、**〝スナガニに、よくめだつ糸をつけて放し、その後の、彼や彼女の移動の跡を、糸を頼りに探る〟**というものであった。

この発想は、以前、アカネズミで、アカネズミが、コナラやクヌギの堅果（いわゆるドングリ）を、どういう道筋で、どこに運ぶかを調べるときにやった方法からひらめいたものだった。（人間、いろいろなことをやっておくものだと思う。その経験は、その後、いろいろな形で自分の発想を豊かにしてくれる。）

アカネズミは、秋に、木から落ちたドングリを、自分の行動圏のなかに運び（場合によっては五〇メートル以上も離れたところに運ぶことが知られている)、土のなかに埋めて、餌の乏しい冬の食料にするのだ。

大学林のクヌギの木の下に落ちたドングリに糸をつけておき(接着剤でドングリの表面に糸をくっつける)、夜になってアカネズミがドングリをくわえて運ぶと、そばに置いておいた糸球から糸が〝くり出して〟いき、アカネズミの移動したあとを糸が伸びていく、といった具合である。

そのときと同じようなことを、スナガニでやろう、というわけである。

そうすれば、スナガニがどこに穴を掘ったり、穴から出てどこを移動したかとかが、スナガニの移動とともに伸びていった糸によってわかるのではないか、と考えたのである。

ある秋のよく晴れた土曜日、車に、スコップとバケツを積みこみ、〝くり出し〟糸巻き玉(釣具屋さんで売っている)と接着剤をザックに入れて、海辺のフィールドに向かった。カメラ、はさみ、ペン、ノートについてはいつも肌身はなさず身につけている。

ちなみに、一度、ノートを海辺フィールドに持っていくのを忘れたことがある。気持ちのよい砂浜を狩猟採集人のように歩いていると、いくつか重要な発見と、気に入ったアイデアがたくさん浮かんできた。しかし、いわゆる記憶として脳のなかに残すには、私の脳は軟弱すぎた。何かに書きとめなければ、〝発見〟も〝アイデア〟も消えてなくなる。

さてそこで私はどうしたか。

ミスをなんとかごまかしたりフォローしたりすることにかけては多少自信のある私は、どこからか海辺に流れ着いていた板（！）に、〝発見〟と〝アイデア〟を書きとめたのである。（私の脳は、漂着板にも劣るんかーーー！）

しかし、その、文字が書きこまれた板は、部屋に置くと、結構インテリアとしていかしていることを発見した私は、今でも板を机の上に置いている。複雑な気持ちだ。（おまえにはプライドというものがないのかーーーみたいな。）

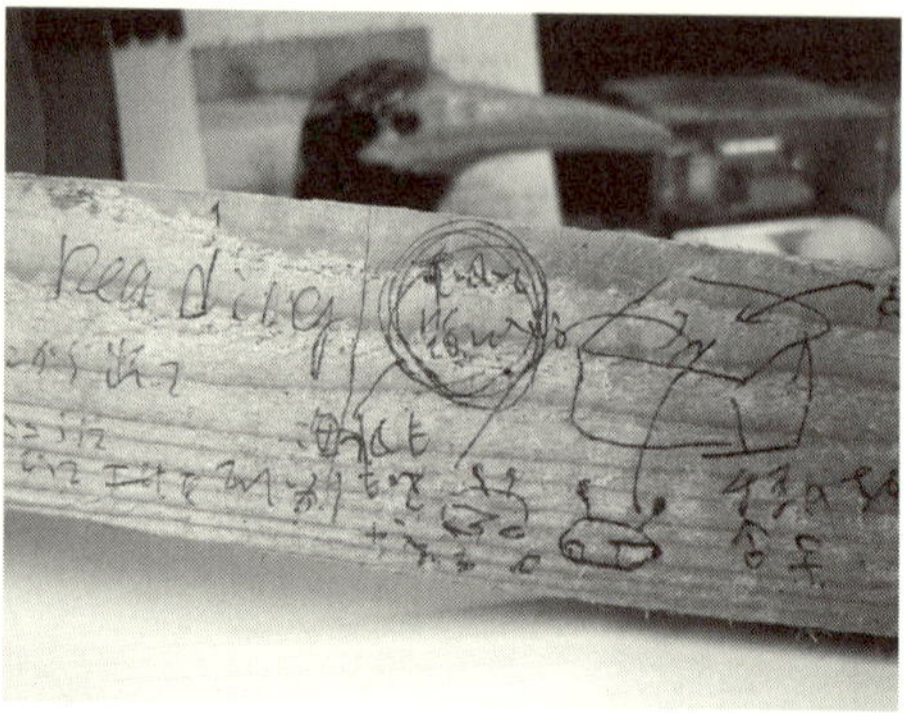

私の発見やアイデアを書きとめた漂着板

砂浜に着くと、まず、糸をつけるスナガニを、スコップで巣穴から掘り出す作業から始める。これは、簡単に見えるがなかなか修練が必要な作業だ。深い巣穴を掘っていくと穴は崩れ、穴の下方にいるスナガニまでたどり着けなくなるからである。だから、作業には勘が必要になってくる。（繰り返しの体験に裏打ちされた勘である。）

今、私なら、百発八七中くらいはいくが、はじめての学生だと、百発三中くらいだろう。そもそも、スナガニが入ってる巣穴かどうかの見きわめも必要なのだ。（空の巣穴もあるということである。）

そして、めでたくスナガニが採取できると、そのスナガニの硬い背中に瞬間接着剤を塗り、そこに蛍光色の明るい赤色の糸をピタッとくっつけた。予想だと、それで、背中に糸の端がビタッとくっつくはずだった。何せ、瞬間接着剤なのだから。

しかし、いくら待っても、糸は、スナガニの背中からするりとはがれるのである。（私の指に間違ってついた接着剤は、ちゃんと、いい仕事をしてくれ、親指と中指とを強力にビタッとくっつけてくれ、はがすととても痛かった。）おそらくスナガニの背中には（見た目には単なる硬質の殻にしか見えないが）、瞬間接着剤を拒否するような表面構造があるのだろう、とすぐあきらめ、別の方法を考えた。

さてどうしたものか、とスナガニをじっと眺めていたら、スナガニが、**「今度は何をされるんだろう」みたいな顔をして、ハサミで私の手の平に噛みついてきた。**そのとき、私は、スナガニのハサミの付け根の節が、とても細くなっているのを見逃さなかった。

そうだ、この細い部分に糸を巻けば、糸は外れないはずだ。スナガニの動きをあまりじゃますることもないし、実験が終わったら糸を切ってとってやればいい。

その方法はうまくいった。赤い糸をハサミの脚の根っこにつけたスナガニを砂の上に置いてやると、スナガニはすごいスピードで砂浜を走っていった。もちろん、私の足元に埋めこんである〝くり出し〟糸巻き玉からは、しっかりと糸が出ていき、スナガニのあとを追っていいる！　そして、ある場所まで行くと、ぱっととまり、スナガニは、そのまま、砂のなかにもぐりはじめた。

スナガニには、砂にもぐる方法が二つある。

一つは、先にお話しした、体を横向きに立てて、それをドリルの

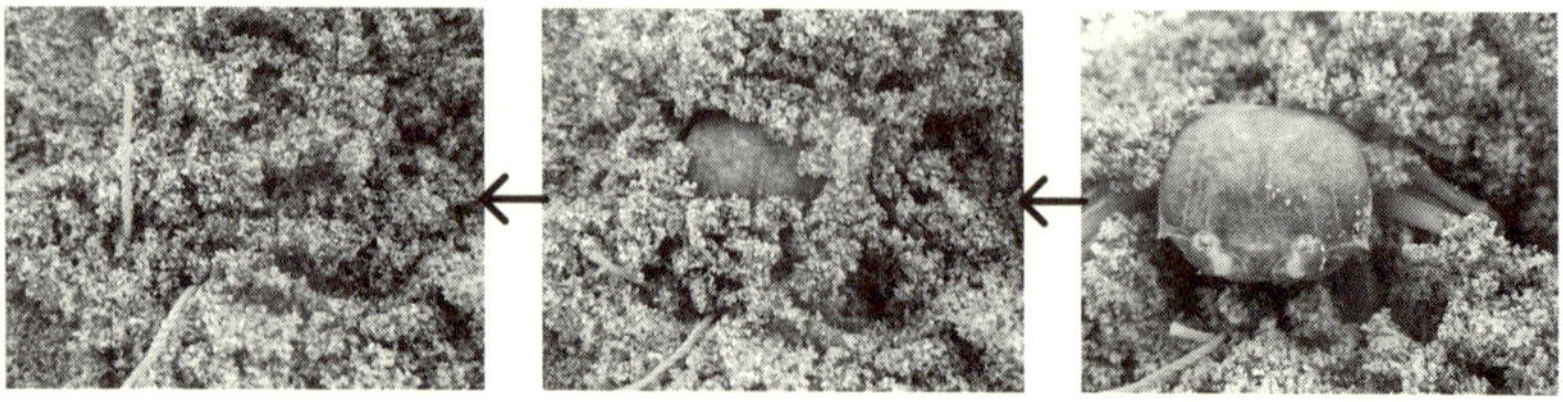

脚に赤い糸をつけたスナガニは、体を左右上下に動かして砂のなかにもぐっていった

ように回転させるような動きで穴を掘って砂にもぐっていく方法である。そしてもう一つの方法は、そのままの（つまり、腹を下に、甲羅を上にした）姿勢で、体を左右上下にモゴモゴ動かして砂のなかに〝沈んでいく〟方法である。

糸をつけたスナガニは、後者の方法でもぐっていったのである。

さて、糸は順調に〝くり出し〟糸巻き玉からくり出ている。

スナガニがどこへ行っても、糸はついていくぞ。

私は、〝モゴモゴ〟術で砂にもぐったスナガニが、その後、少なくとも数十分間は動かないのを確認して、砂浜を去った。**明日が楽しみだ！**

ところで、私は、夜のスナガニたちの直接観察も行なった。

スナガニは、夜、巣穴から出てきて歩きまわることは予想できたから、その姿をしっかり見ておくことは当然必要だと思った。

水平線にイカ釣り船の光が見える。五〇メートルほど離れたところに広がる浜草原から秋の虫たちのにぎやかな声が聞こえる。ライトを持って波打ち際を歩くと、いたいた！　数匹のスナガニが、砂浜を歩きながら、時々、波打ち際で何かを拾って食べている。

「そう、大変だねー。君たちもいろいろ頑張って生きているんだね」………みたいな気持ちになる。

（また小林がそんなことを言ってるわ。まー動物が好きだから仕方ないな、と読者の方は思われるかもしれない。しかし、読者の方も、私のように、夜の砂浜でそんなスナガニたちの姿を見たら……そう思うよ。きっと。）

さて、スナガニのハサミ脚に糸をつけて放した日の次の朝が来た。休日だ。

私は、朝食もとらず車に乗って砂浜へ向かった。（息子と一緒に行けば絵になる話なのだが、息子はその年の四月から親元を離れて大学へ行っていた。妻？　二〇年前なら、ひょっとしたら一緒に行ってくれたかもしれない。）そして〝現場〟へとワクワクしながら近づいていった。

現場で私が見たものは……それはとてもうれしい瞬間だった。

〝くり出し〟糸巻き玉からくり出た糸は、六メートルほど、多少曲がりながら伸び、そこで打ち上げられた海藻の塊に引っかかるようにして三カ所で内側に曲がり、海藻の塊の近くの砂の穴に入りこんでいた。

もちろん、前日、〝モゴモゴ〟術で砂にもぐったスナガニが、その後出てきて、そこらを歩いて（海藻の塊のところで餌をあさったのかもしれない）、穴を掘ってもぐったということで

ある。

赤い糸が、私にそれを教えてくれていた。

そして、次に私がやったことは、当然、「ちょっと穴を掘ってみよう」である。目先の好奇心にかられた子どもと同じである。

私は慎重に慎重に、糸をたどりながら、穴を埋めないように注意しながら、掘っていった。糸は下のほうまで続いていた。穴も下のほうまで続いていた。そして、一メートル近く掘り進んだところで、スナガニの脚らしきものに私の手が触れた。そこからさらに慎重さを増して掘っていくと穴の底から、スナガニの体の一部が姿を現わした。

ちなみに、読者の皆さんは、自然薯《じねんじょ》という野生の芋をご存じだろうか。〝とろろ〟のもとになる芋の完全な野生種であり、私は小さいころ、秋になると父や兄やイヌと一緒に山に分け入り、自然薯を掘った。自然薯は、森の木に巻きついてツルのように伸びた植物体が、地面の下に栄養をためてつくった太い芋であり、芋は細長く下へ下へと伸びている。それを、専用の道具を使って掘っていくのである。木の根っこや石を取り除きながら、途中で折ることなく、最後まで掘ることができたら、賞賛と充実感を得ることができた。何せ、大物になると、一メートルはゆうに超え、その風貌も見事なのである。

上：砂上の赤い糸（写真では見にくいところもあるが）からスナガニの移動跡を推察することができる
下：慎重に慎重に糸をたどりながら穴を埋めないように注意して掘っていくと、スナガニは体を横向きにして丸めた姿でじっとしていた

もちろん、野生の自然薯は、うまい！

自然薯とよく似たツル性の植物もあり、その見分け方から、掘り方まで、いろんなことを学んだ。まさに狩猟採集人の真髄に触れることができた。スナガニの穴を掘っていると、そんな昔の記憶も、どこからともなく浮かび上がってくる。

自然薯掘りも最後の仕上げがあったが（芋がいよいよそこで終わっていることを手探りで確認し、ぐっとその下をえぐるように掘りこむのである）、スナガニの場合も最後の仕上げがあった。

つまり、スナガニの体全体を、砂のなかから浮かび上がらすのである。そして、穴のなかでのスナガニの姿勢の特徴を明らかにするのである。

それは、少なくとも私にとっては、はじめて見るスナガニの姿であった。

スナガニは、穴の底で体を横向きにして丸めた姿でじっとしていた。**感動的な姿だった。**もちろん、上から砂を掘ってくる何者かに警戒して身を潜めていた、という面もあるのかもしれない。でも一方で、日中の穴のなかでは、その姿勢でエネルギーを使わずじっとしている、という**彼らの生活の隠された一面を見るような気がした。**

郵便はがき

料金受取人払郵便

晴海局承認

9791

差出有効期間
平成28年 9月
11日まで

1048782

905

東京都中央区築地7-4-4-201

築地書館 読書カード係 行

お名前	年齢	性別	男・女
ご住所 〒			
電話番号			
ご職業（お勤め先）			

購入申込書 このはがきは、当社書籍の注文書としてもお使いいただけます。

ご注文される書名	冊数

ご指定書店名　ご自宅への直送（発送料200円）をご希望の方は記入しないでください。

tel

読者カード

ご愛読ありがとうございます。本カードを小社の企画の参考にさせていただきたく存じます。ご感想は、匿名にて公表させていただく場合がございます。また、小社より新刊案内などを送らせていただくことがあります。個人情報につきましては、適切に管理し第三者への提供はいたしません。ご協力ありがとうございました。

ご購入された書籍をご記入ください。

本書を何で最初にお知りになりましたか？
□書店　□新聞・雑誌（　　　　）□テレビ・ラジオ（　　　　　）
□インターネットの検索で（　　　　）□人から（口コミ・ネット）
□（　　　　　　）の書評を読んで　□その他（　　　　　　　）

ご購入の動機（複数回答可）
□テーマに関心があった　□内容、構成が良さそうだった
□著者　□表紙が気に入った　□その他（　　　　　　　　　）

今、いちばん関心のあることを教えてください。

最近、購入された書籍を教えてください。

本書のご感想、読みたいテーマ、今後の出版物へのご希望など

□総合図書目録（無料）の送付を希望する方はチェックして下さい。
＊新刊情報などが届くメールマガジンの申し込みは小社ホームページ（http://www.tsukiji-shokan.co.jp）にて

山もいいけど、川もいい、そして海辺もいい。

もちろん、人もいい。街もいい。

それらをいろいろ楽しめて、それらが共存できるあり方を、私は、海辺を歩きながら、生き物たちの生き様を読み解きながら、一人思索するのであった。これはほんとうの話なのである。

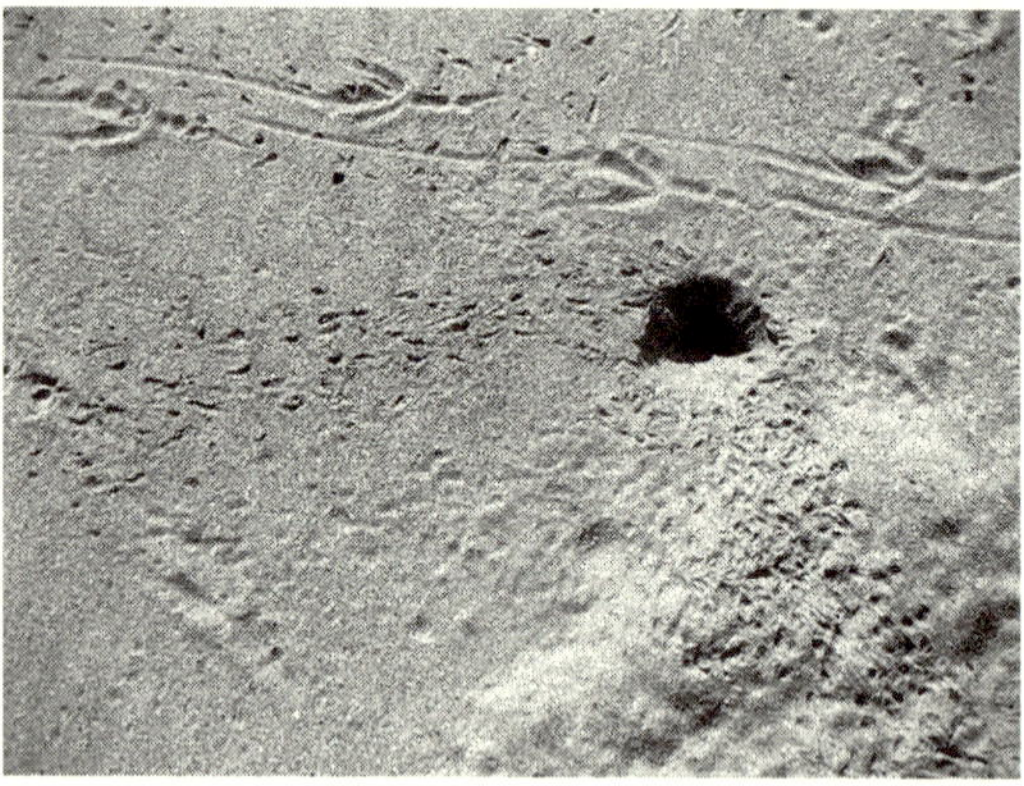

スナガニが穴から出て周囲を歩きまわり、そのそばをチドリが通りすぎていった。時間的にはチドリがあと

カラスよ、
それは濡れ衣というものだ！

子ガラスを助けたのに親鳥に怒られた話

私は、街通りでも山道でも、歩いていても車を運転していても、動物の姿には特に敏感に反応する。（それが原因で、車がちょっとケガをしたことが時々ある。）子どものころ山あいで育ち、生物や自然の姿を焼きつけ、それらを統合整理しつづけてきた私の脳のなかには、特に発達した野生動物検出器があるのだと思う。

たとえば、先日も鳥取県と岡山県の県境に近い中国山地を車で走っていたときのことである。前方を、ある小さな動物が横切ったとき、私の脳は、かなりな確信をもって、「ニホンイタチの雌だ！」と言った。

その直後、私の意識もそれを肯定した。（直感を叫んだのはおそらく間脳、意識で肯定したのは大脳だと思う。………なんかカッコイイ言い方だったりして。）

ニホンイタチの雌はそうそうお目にはかかれない動物である。体が小さく、体色は黒っぽい。形態や動き方からニホンイタチの子どもではない。もちろん、同様な理由でホンドリスでもない。だからニホンイタチの雌なのだ。（………真偽はわからない………そんな無責任な………でもまず間違いない。）

また、大学の近くの市街地を車で走っていたら（もちろん〝道路を〟であるが）、前方に小さな黒い二つの塊が見えた。私の脳は、それらがヒヨドリであり、一方のヒヨドリが車にはねられ、もう一方がそばに寄り添っている（のじゃないか）、と言った。

これは緊急事態だ。

私は車を止めて、走る車をよけるようにして塊に近づき、横たわっているほうのヒヨドリを保護した。その後、私の献身的な世話で、そのヒヨドリは元気になり、大空へと帰っていった。


さて、この章の本題に入りたい。

タイトルにもあるように、〝本題〟は、カラス（ハシボソガラス）についての話である。

先に結論をばらすと、私が、持ち前の野生動物検出器で、ケガをし体力も消耗して危険な状況にあった子ガラスを助けた話である。そう、感動の物語なのである。


私が勤務する鳥取環境大学は、私の家（借家）から、車で三〇分くらいのところにあり、私は毎日、車で通勤している。できれば自転車とかバスで通勤したいのだが、行き帰りに立ち寄る場合が多い河川敷や田んぼでの作業道具のことや、体力のことなどがあって、車で通っている。

ある日、大学に向かっていたとき、大学を目前にした道路のわきの茂みのなかで、黒い塊が動くのがチラッと目に入ってきた。（脳が自発的に反応したのだ。）そして、その茂みの上、一〇メートルほどの高さの電線に二羽のカラスがとまっているのも目に入った。

「これは何かある！」

と脳が言ってきた。

でも、すぐには車を止めることができなかったので、数秒そのまま車を走らせ、駐車できる場所を探した。

その〝数秒〟の間に私は一つのストーリーを思い描いた。**そのストーリーを、脳は、「そうだ、そうだ」と褒めてくれた。**（もちろん言葉ではなくて、達成感というか満足感を感じさせてくれた、ということである。）

脳は、私が映像として意識するものより多くの情報

茂みのなかで黒い塊が動くのが目に入った。これは何かある！

を入手しているのである。そして、その情報を意識させることなく私に伝えるのである。

たとえば、サブリミナル効果という言葉を聞かれたことがあるだろう。映画の映像のなかに、見たことが意識できないくらいの短さでコーラの映像をまぜておく。すると、映画が終わったとき（あるいは見ている最中でも）コーラが飲みたくなる、といったような現象である。そして、「コーラを飲みたい」と意識すると、脳はそれを肯定するのである。「そうだ、そうだ」と。

私は車を、道路が少し広くなっている場所に止め、そこから歩いて茂みへと近づいていった。すると、茂みの上の二羽のカラスの動きが、がぜん、せわしなくなった。私のほうを向いて、大きな、非難するような甲高い声で鳴きはじめたのである。

そしてそれは、私が思い描いたストーリーが当たっていることを物語っていた。

おそらく、彼らの子どものカラスが、何らかの理由で飛べなくなり、茂みのなかに入りこんでしまったのだ。

私は茂みのなかに頭を入れ、なかをざっと見てみた。でも、子ガラスらしきものは見えない。これは、本格的にやるしかない。私は、枝に服や頭を引きもどされながら、完全に体を茂みのなかに入れこんだ。そしてなかが空洞のようになった茂みの内側をくまなく探していった。

いた、いた！

体が大分大きくなったカラスが、地面に近い木の枝にしがみついていた。翼の中央の関節のあたりから血が見えた。足にも血がついている。車にでもはねられたのだろうか。

ほうっておけばイタチやネコに捕獲される可能性が高い。おそらく捕獲されるだろう。

枝の奥に入ってしまうと面倒になる。私は、手が届くところまでゆっくりゆっくり近づき、間髪いれずに両手で子ガラスをつかんだ。

その傷ついたカラスは、子ガラスというには、重量感も力もあり、枝から引き離されるのに強く抵抗した。でも大人のカラスよりは明らかに小さかった。

やがて、足で私の腕をワシヅカミ、というか、カラスヅカミし、私の腕の皮膚に食いこんだ爪が痛かった。

子ガラスを保護し車のなかに入れた私を見て、上空の2羽のカラスの動きがあわただしくなった

カラスは猛禽類みたいなものだな、と私は思った。

さて、両手で子ガラスをつかんで茂みから出てきた私を見て、**上空の二羽のカラス（おそらく親ガラス）の動きがいっそうあわただしくなってきた。**

茂みの上にある電線や電信柱にとまり、私のほうを向いて大きな声で鳴いたり、鳴きながら円形を描いて飛びまわったり、さらには、時々下降し、私を攻撃しようとするそぶりさえ見せた。

私は親ガラスの行動に、心のなかで「濡れ衣だよ」と叫びながら、コンラート・ローレンツ氏が書いた本の一説を思い出していた。

ローレンツは、一九七三年に、〝動物行動学という新しい学問分野の確立〟という業績でノーベル賞を受賞した動物学者である。ローレンツは、〝長身でがっしりした体格〟〝若いころから生やしている髭〟といった独特の風貌と同様に、その研究スタイルもかなり、通常の科学とは異なっていた。

ローレンツの父親は農家出身で、苦労して医学を学び、ノーベル賞の候補にもなった人物だった。父親は、その〝人生の成功の証〟として、出身地の田舎に、豪邸を建てたのであるが、ローレンツはその豪邸で育ち、研究の多くも、その豪邸で行なっている。

その豪邸の敷地に研究室をつくったのではない。豪邸の〝なか〟や広い庭にさまざまな動物を半ば放し飼いにして、彼らの自然な行動を観察する、という研究方法をとったのだ。そのせいもあったのだろう、ローレンツの論文は「図表がほとんどない論文」として有名だった。

しかし、並はずれた、というか天才的な洞察力と好奇心、忍耐力をもったローレンツの研究は、当時の〝動物の行動の見方〟に大きな転換と体系化をもたらしていった。そして、そのローレンツが豪邸で飼育観察した動物の一つが、コクマルガラスという種類のカラスだったのだ。ローレンツは、豪邸の屋上でコクマルガラスに巣をつくらせ、群れをつくらせた。そして彼らの群れの成り立ちや、仲間の間で交わされる行動を調べ、コクマルガラスの驚くような習性を次々に明らかにしていった。

そのような研究のなかで、ローレンツは、研究論文の表には現われないが、その研究の原動力やヒントを与えてくれたさまざまな事件に遭遇している。その一つが、私の〝茂みのなかの子ガラス〟事件と（部分的に）似ていたのである。

そのときローレンツは、屋上の群れで生まれた子どものコクマルガラスたちに、個体識別のための足環をつけたいと思っていた。しかし、親鳥たちは、巣のなかの子ガラスにさわるような人間は、たとえそれが、それまで十分に信頼を勝ち得てきた人物であってもけっして許さない。騒いで攻撃もしてくるだろう。

さらに、もし、それを押しきって、子ガラスたちに触れて足環をつけたとしたら、その後、ローレンツは、その顔や容貌を覚えられ、群れ全員に伝えられ、要要要注意動物として、もう群れには近づけなくなるだろう。もちろん、研究どころではなくなる。どうしたらよいだろうか。

一計を案じたローレンツは、オーストリア伝統の祭り、セントニコラス祭のときに着る悪魔の衣装（全身が黒い毛で覆われ、頭には二本の角、口からは赤い舌）を身にまとい、屋上の子ガラスたちのところへと向かったのである。

案の定、親ガラスやそのほかの大人のカラスたちは〝悪魔〟を取り囲むようにして騒ぎ立てた。しかし、ローレンツは、要要要注意動物になることを免れて、目的の作業をやり遂げることができたのである。ちなみに、子ガラスに足環をつけ終わり何気なく下を見ると、たくさんの村人たちが呆然とした顔で、豪邸の屋上で、カラスに騒ぎ立てられるおぞましい〝悪魔〟の事件を見ていたという。

私の場合は、村の見物人はいなかったが、親鳥たちの必死さは同じだっただろう。

私のほうを向いて鳴いたり飛んできたりする親鳥たちに、

「違うって。俺は助けてやっているんだから」

みたいなことを言いながら、子ガラスを両手に抱えて、道路を横切り車に向かって走った。車のドアを開け、いろいろなものを常備しているカゴから黒いビニール袋を取り出して子ガラスにかぶせた。（たいていの鳥は視野が暗くなると動かなくなる習性をもつ。）

さて、大学へ出発だ。

ところが、騒動はそれで終わらなかった。

ふとバックミラーを見ると、**後方をカラスが二羽追ってくる**ではないか。鳴き声も聞こえる。ミラーのなかから姿が消えたかと思うと、今度はドアのガラス越しに車の右上空を飛んで追ってくる、といったことがしばらく続いた。二羽以上いたように思う。

道路のわきでこの光景を見ている人がいたらなんと思うだろうか（カラスに騒がれる〝悪魔〟に近いものがある）、などと思いながら後ろ座席の子ガラスにも気を配りながら運転した。

それでも、数分したら、カラスは追跡をやめてくれた。

やっと大学に着き、急いで子ガラスを飼育室に連れていった。

飼育室においてあるカゴのなかでいちばん大きなカゴを引っ張り出し、とりあえず袋からカラスを取り出してカゴのなかに入れた。

やはり、片方の翼と足にケガをしている。いずれの場所も毛がぬけて、肌が見えており、周辺の毛も血で固まっている。

車のなかで、この子ガラスのケガが治るまでどうやって飼っていくか考えていたのだが、たぶん、基本的には、大き目の鳥カゴのなかで飼えばよいと思っていた。

というのは、私は、そのときから十数年前、ちょうど同じくらいの大きさの、ケガをして飛べなくなったカラスを保護し、同じようなカゴで飼い（時々足に紐をつけ、田んぼなどを散歩させてやった）、野生に帰してやった経験があったからだ。（そのときは、まだ

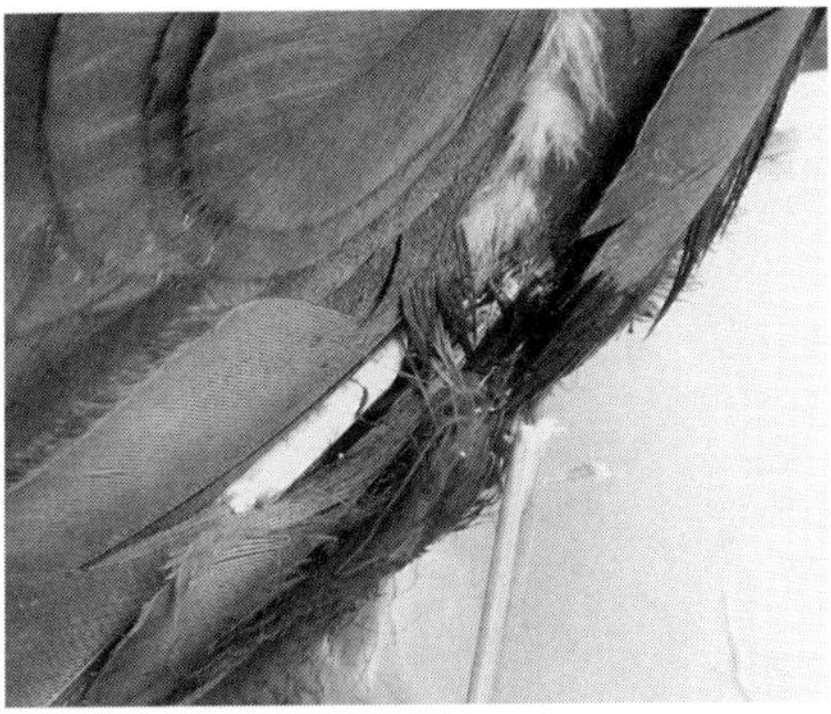

保護した子ガラスは、片方の翼と足にケガをしていた

小さかった息子がカラスになついて、カラスも息子になついて、餌集めや散歩を手伝ってくれた。そんなときのことを思い出した。)

しかし、今回の子ガラスは、準備したカゴで飼うのは無理だと判断した。カゴが少し小さすぎるのと、子ガラスがなかで動きすぎた。羽がぬけたり、足や翼がカゴからはみ出したりで、ケガがいっそうひどくなりそうだったのだ。

さてどうしたものか。そんなにたくさん選択肢はない。

仕方ない。飼育室に子ガラスを出すしかない。

つまり、飼育室のなかでカラスを飼うのだ。

………とは言っても、飼育室(五メートル×四メートル×高さ二・五メートルの、ある程度は広い部屋なのだが)には、アカネズミやカスミサンショウウオ、

キョトンとこちらを見るキューちゃん

ナガレホトケドジョウ、アカハライモリ、ニホンヤモリが飼育されている。そこで、ケガをして飛べないとはいえ、元気のある子ガラスが跳ねまわったら、どうなるのだろうか。

でもそれしかない。

それらの動物たちの飼育容器やその周辺を、地震のときの対策のように物が落ちないように整理したあと、子ガラスをカゴから出してやった。カゴに手を入れ、手で体をつかみ（子ガラスは私の手を噛もうとした）、床に置いてやったのだ。

子ガラスは最初、キョトンとした顔をしていたが、すぐにちょんちょんと跳ねまわるようになり、重ねたコンクリートブロックの上に置いていたナガレホトケドジョウの水槽の上に飛び乗った。

「おーっ、かなり元気じゃないか。これでケガが治っ

結局、飼育室で放し飼いすることに。キューは、ナガレホトケドジョウの水槽の上に落ち着いた

て、飛ぶ力がもう少しついたら野生に帰れるぞ」と私は思った。

ただし、同時に、「人間社会では、果実をかじったり、ゴミ袋を破ったりで、君たちの評判はあまり芳しくないけれども」とも思った。それでも、もう一回同じような場面に出会ったら、私は子ガラスを保護して、野に帰してやるだろう。ゴミや果実の問題は、また別の（なんとかしなければならないことも確かだ）、あくまで、また別の問題なのだ。

全国的な絶滅危惧種ナガレホトケドジョウ（ちなみに、私は、彼らを保護するための研究のために飼育しているのである）の水槽の上で何やら落ち着いてしまった子ガラスの姿を見ていると、特に、まだあどけなさが残るその顔がとてもかわいく感じられた。

ちなみに、カラスは、私が小さいころから好きな鳥の、五本の指の一つに入る鳥なのだ。先にお話ししたローレンツの本のなかにも出てくるのだが、その行動の柔軟性、メリハリのきいた動作、認知・思考能力の高さ、には一目も二目も置いてきた。それにいたずらっぽいかわいらしさが加わって、私は「きっと飛べるようにして、落ちていた場所に帰してやるからな」と思った。

さて、では**餌をどうするか、**だ。

なにせ、飼育室のなかで放し飼いにするのだから、空腹のあまり、同居している動物を食べられてはならない。たとえば、Yさんが卒論のために大切に飼育しているニホンヤモリを子ガラスが食べたら困る。Tくんが同じく卒論のために飼育しているカスミサンショウウオを食べても困る。

私は、大学の近くのスーパーで安い肉を買ってきて与えることにした。

（こんなことを書くと、私はなにか暇にしているように思われるかもしれないが、けっしてそんなことはないのである。講義や実習、大学全体や学科の雑用なども含め、やるべきことが頭のなかで、時々混乱しながら暴れているのである。しかし野生動物たちの保護は私の仕事でもあり、暴れる仕事のメニューをこなしていく原動力にもなっている。もちろんそれが、研究のヒントや原動力にもなったりしているのである。）

安い肉を、と思って鶏肉を買おうとしたが、鶏肉を子ガラスが食べるとなにか共食いになるような気がして、次に安い豚肉にした。豚肉のミンチである。

飼育室に帰ってみると、子ガラス（このころからこの子ガラスをキューちゃんとよぶようになっていた。なぜキューなのかと言われても困るのだが、自然に口から出てきたのだ）は、ナガレホトケドジョウの水槽とカスミサンショウウオの水槽の上に、**白い尿をぶちまけている。**

おいおい、と思いながら、でもそれはキューにとっても仕方のないこと。

よしよし、それはあとで**父さんが**きれいにしておくから（気分的にはそんな感じ）。よしよし、まずは父さんが狩りをしてつかまえてきた餌を食べろ（気分的にはそんな感じ）。

私は、ミンチに少し熱湯をかけ、ぴょんぴょん飛び跳ねるキューを網で取り押さえ、片手で押さえ、嘴《くちばし》をこじ開けて温かくしたミンチの塊を、指でキューの喉の奥のほうへ入れていく。そしてある程度喉の奥に餌が入ると、キューは自分から飲みこむ。そんなことを何度か繰り返して、一回の餌やりが終わる。

一回の餌やりが終わって、キューを放してやると、まるで天敵から身を振りほどいて逃げるときのように、飼育室の隅に跳んでいく。

おいっ、そっちはまずい。ヤモリの飼育容器がある。

でもまー、仕方ないか。**もし悲劇が起こったら……**Yさんに謝ろう。

講義がある。行かなければ。

その日の夕方、やっと時間が空いたので、心配しながら飼育室に行った。自動調節で部屋は暗くなっているので、調節を解除して明かりをつけると、子ガラスは部屋の中央に置いている、

《植物・環境の本》

豆農家の大革命 アメリカ有機農業の奇跡

リズ・カーライル［著］三木直子［訳］

2700円＋税

大規模単一栽培農業と決別した有機農家たちの、レンズ豆によるフードシステム革命。

樹は語る

芽生え・熊棚・空飛ぶ果実

清和研二［著］　◎2刷　2400円＋税

森をつくる12種の樹木の生活史を、緻密なイラストを交えて紹介。

原子力と人間の歴史

ドイツ原子力産業の興亡と自然エネルギー

ヨアヒム・ラートカウ＋ロータル・ハーン［著］

山縣光晶ほか［訳］5500円＋税

政治、社会、科学、技術を横断して描く。

カンナビノイドの科学

大麻の医療・福祉・産業への利用

佐藤均（昭和大学薬学部教授）［監修］

日本臨床カンナビノイド学会［編］3000円＋税

大麻草が含む生理活性物質を解説。

木材と文明

ヨアヒム・ラートカウ［著］山縣光晶［訳］

◎3刷　3200円＋税

ヨーロッパにおける木材とそれを取り巻く社会を、環境歴史学者が紐解く。

大麻草と文明

J. ヘラー［著］J.E. イングリング［訳］

2700円＋税

栽培作物として華々しい経歴と能力をもった植物・大麻草の正しい知識を得る一冊。

ナチスと自然保護

景観美・アウトバーン・森林と狩猟

フランク・ユケッター［著］和田佐規子［訳］

3600円＋税

柑橘類と文明

マフィアを生んだシチリアレモンから、ノーベル賞をとった壊血病薬まで

H・アトレー［著］三木直子［訳］2700円＋税

ヨーロッパ文化に豊かな残響を届け続ける

アカネズミの実験に使ったコンクリートブロックの上で、体を伏せるように寝ていた。鳥がそんな姿で寝ているのを見たことがなかったので一瞬、死んだのかと思ってびくっとした。

でもすぐキューは目を開き、起きあがった。まだ頭がぼーっとしているように見えた。

私は、ゆっくりと体をつかみ、用意した〝湯通しミンチ〟を、嘴をこじ開けて食べさせた。心なしか、最初よりスムーズに食べてくれたように感じた。

次の日から、キューはだんだん元気さを増していった。それとともに、飼育室のなかの、小物の散在と白い尿と黒い糞の散らかりもまた激しくなっていった。私が掃除する時間も増えていった。

四日目くらいになると、私が飼育室に入っていくと顔をこちらに向け、餌を嘴に近づけると自分からぱく

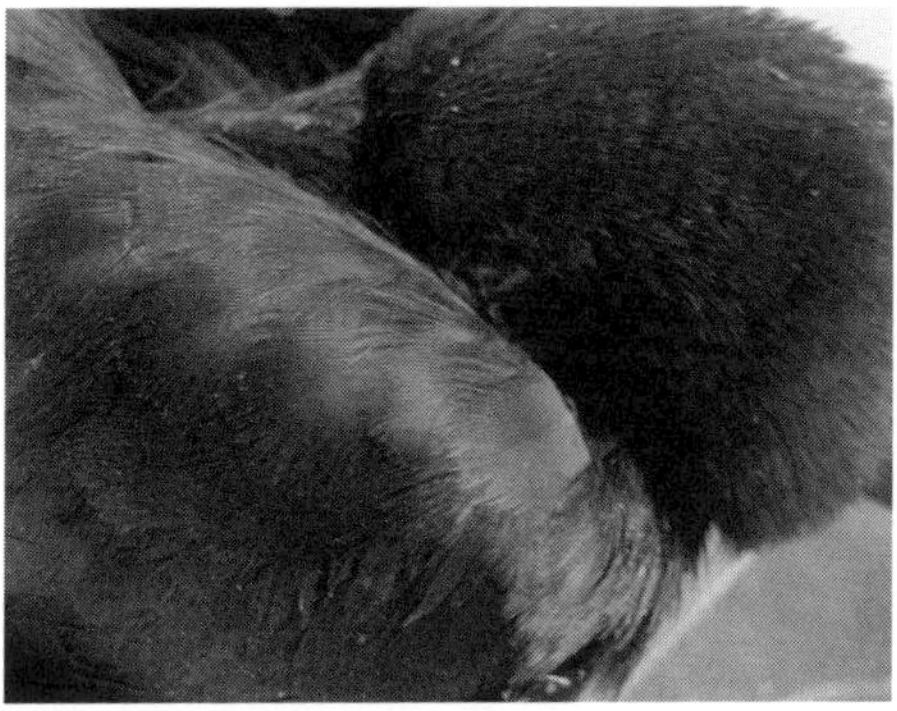

気持ちよさそうに眠るキューちゃん

つくようになった。

傷ついた野生動物を保護した経験がある人ならわかると思うが、こういった瞬間がとてもうれしいのだ。やっと動物が、自分のことを好意的に受け入れてくれたといった気持ちがするのだ。

このように書くと、何か動物の心を過大評価しすぎ、あるいは擬人化しすぎと思われる方もいるかもしれない。しかし、私が差し出す餌を自分のほうからぱくつくようになったカラスの脳は、けっして、私を単なる〝餌を出す物体〟とだけ思っているのではないことは確かだと思う。いろいろな状況を理解したうえで私に反応しているに違いない。

近年、動物の〝心〟(つまり脳)に関する科学的研究がさかんになってきた。カラスについてもそうである。

たとえば、動物行動学者のハインリッチ氏とバグニャール氏(バグニャール氏は、前述の、オーストリアのコンラート・ローレンツ記念研究所で博士号を取得している)は、日本にいるカラス類よりも少し大きいワタリガラス(アラスカやシベリアに生息し、北海道にもたまにやってくることがあるという)で、次のような事実を科学的に明らかにしている。

ワタリガラスは食物を一時的に、どこかに隠す(貯蔵する)習性をもっている。研究者たちは、あるワタリガラス（仮にAとしよう）が食物をある場所に隠しているとき、それを見ているカラス（Bとしよう）と、見ていないカラス（C）がいる、という状況を実験的につくり出した。すると、Aは、自分が食物を隠した場所にBが近づいたときには、Bをそこから追い払おうとした。一方、Aは、その場所にCが近づいても、自分の行動をまったく変えず、Cに対して特に何も行なわなかった。

こういった実験を何回も繰り返して彼らが導き出した結論は、「ワタリガラスは、ほかのカラスのそれぞれについて、各個体がどんなことを知っていて、どんなことを知らないかを、推察している」ということである。

カラス（そのほかの動物でも）の脳内に広がっている認知や思考は、人間と共通するものや独自のものも含めて、かなり豊かなのだろうと研究者たちは考えている。

キューの世話を始めて一週間目ごろから、キューを野生にもどすための準備もかねて、カエルを与えはじめた。（カエルには申し訳ない。このあたりの矛盾を私はまだ解いてはいない。）「トノサマガエルやアマガエル、ツチガエルなどをとってきて、飼育室の床に置くと、キューが、逃げるカエルを追いかけて食べる」というイメージを考えていたのだが、キューはカエルを追おうとはしなかった。仕方なく、動くカエルを私が手に持ってキューの顔の前に近づけた。キューは少しためらったようだったが、ぱくっと食べた。そしてそれからはカエルが大好物になった。しかし、結局、キューが、床を跳ねるカエルを追うようになることはなかった。

それは、ハシボソガラスには、猛禽類（ワシやタカ）のような、動く獲物を追って捕食するという強い習性が脳内に備わっていないせいかもしれない。

ちなみに、トンビにも動くカエルを追って捕まえるという強い習性はない。トンビも、もっぱら、動かない餌を食べることが多いという事実と符合しているのかもしれない。

私が小学校の高学年だったころ、台風明けに、橋の袂で、飛べなくなったトンビ（まだ完全に成鳥になっていない若鳥だった）を保護し、一カ月ほど飼育したことがあった。ちょうど夏休みの間に重なったのである。兄に手伝ってもらい、蔵の入口を利用した比較的大きな小屋をつくった。

当時の私に、餌として〝店で売っている肉〟といった発想はまったくなかったし（実際に店も近くに一軒しかなかったし）、一方、トンビの餌になるだろうと私が思った〝カエル〟は、家のまわり、特に、夏の田んぼに、いっぱいいた。

毎日、朝と夕、家の近くの田んぼに行って、カエルをつかまえた。最初はカエルの逃走習性に負けてなかなかつかまえられなかったが、少しずつその習性を学んでいき、カエルの裏をかいて容易につかまえられるようになった。朝と夕に一生懸命腕を磨き、少年は、いっぱしのカエル狩猟人になったのだ。

そんなことは今はどうでもいいのだ。

トンビは、少しずつ、私から餌をもらえることを覚え、私の手から勢いよくカエルをとって食べるようになった。ただし、地面に置いて自由にさせたカエルを、自分から追って食べるようになることはなかった。

これもどうでもよいことだが、ある日、かなり上達した朝のカエル捕りの腕前を自分自身で確認したいと思い、小屋の前に、収穫したカエル（すべて死んでいた）を、大きさの順に並べたことがあった。二〇匹近くいたと思う。カエルは、白い腹を上にして、大の字のポーズにされていた。

問題は、少年は、並べられたカエルたちをそのままにしてどこかへ行ってしまったことだった。

運悪く、その前日、大都会の大阪で生まれ育った、叔父の娘、つまり私のいとこが二人、盆の墓参りをかねて、叔父と一緒に帰っていた。さて、昼前になり、皆で墓参りをしようということになり、供え物や水を持って家の近くの墓に参った。
家と墓の間には蔵があり、蔵の入口のところにはトンビの小屋があり、トンビの小屋の前には、カエルたちが腹を上にして（一部は、私がヤスでついてつかまえていたため血が出ていた）並べられていた。（不幸中の幸いというのだろうか）私はその場にはいなかった。
女の子たちにはちょっときつかったのだろう。（それはそうだろう。）悲鳴をあげたらしい。（母があとで教えてくれた。少し怒られたような記憶がある。）

二週間ほど経過したころには、キューはかなり飛ぶ力もついてきた。学生たちの話によると、時々床でじっとしていることもあるということだったが、私が飼育室に入ったときには、部屋のなかをバサバサ飛びまわるようになっていた。翼の傷もほとんど見えなくなっていた。

そろそろ外に帰してもいいだろう。

飼育室でヤモリやアカネズミの実験をしている学生の人たちにも悪いし。（アカネズミの食虫特性を調べていたYさんは、カラスが怖くて飼育室に入る回数が減ったということだった。）
保護してから二週間ほど過ぎた、ある土曜日の朝、私は意をけっして飼育室に行った。

キューちゃんをカゴに入れて車に乗せ、大学を出た。保護した場所の近くの道路わきに車を止め、キューがいた茂みまで、カゴごとキューを運び、そこでキューを両手に抱えて外に出した。

飛べるだろう、とは思っていたが、実際に放して、確かめるまでは不安だった。近くの上空を一羽のカラスが飛んでいる。ひょっとすると、キューの親とか、それはないにしても、キューが生まれた群れのカラスかもしれない。

キューをゆっくり地面に降ろし手を離すと、キューは数歩歩いたあと、ぱっと飛んだ。最初はバサバサという感じで、やがて軽やかそうに。

そして、キューを最初に見つけたとき、キューの親と思われる二羽のカラスがとまっていた電線にキューもとまり、しばらくじっとしていた。こんなとき背後の山から親鳥がやってきたら絵になるだろーな、と思いながら、下からキューを見ていた。

やがて、電線から身を投げると、**力強く羽ばたき、背後の山のほうに飛んでいった。**きっと、群れのほうへと帰っていったに違いない。とにかく、立派に飛んだ。私は安心してその場を離れた。

大学へと帰る車のフロントガラスから、前方を高く飛翔する数羽のカラスが見えた。今ごろキューは自分の群れを見つけただろうか、などと考えた。

一つはっきり言えることは、われわれに毎日の生活があるように、キューにも、そしてカラスたちにも、いろいろな感情を湧き立たせる生活があるということだ。仲間を認知し、天敵を認知し、記憶し、思考し、そういった毎日の生活があるということだ。

春の田んぼで
ホオジロがイタチを追いかける！

被食動物が捕食動物に対して行なう防衛的行動のお話

まだ論文にしていないので、はっきりしたことは申し上げられないのであるが、先日、私は、とても興奮する動物学上の発見をした。

ヒメネズミという小さなネズミが（鳥取県の自然が豊かな町、智頭町《ちづちょう》の森林で、ミズナラという木の地上六メートルのところに一〇〇個近くかけた巣箱に入っていた子ネズミたち）、ヘビやイタチといった捕食者の臭いに対して、これまで**世界中の誰も報告していない行動を行なうのを発見した**のだ。（長年、シベリアシマリスを中心としたさまざまなげっ歯類の対捕食者行動を調べてきた私くらいになると、世界のげっ歯類の対捕食者行動の研究の進展具合は手に取るようにわかるのだ。………これはいつもの私の得意な自慢であるが、〝これまで世界中の誰も報告していない〟というのはまずほんとうだ。）

その行動の内容は、また論文で報告してからお話しするとして、私は、そういう興奮する発見ももちろん〝求めている〟のだけれど、黙々と研究すること自体に充実感を感じるような生活に大きな価値や魅力を感じる。（なんか、ノーベル賞受賞者がしゃべる言葉のようになってきた。少し恥ずかしい。）

もっと拡大して言えば、研究とかいった仕事の種類に無関係に、「（反社会的でない）仕事などを行ないながら、人生を黙々と前向きに生きていくこと」、そして「それ自体に充実感を感じること」を、私にとっての人生最大の目標と考えている。（なんか、立派な宗教家がしゃべる言葉のようになってきた。少し恥ずかしい。）

しかし、そういう生き方は、動物行動学的な視点からも賢明な生き方と言えるのである。

話は変わるが、私は、夏や冬、ともすれば体がだるくなったり、何をするにも気力がわかなくなったり、あるいは、人生のなかで安易な成果を求めてそれが満たされずにイライラした気分になったときなど、**「よし！」とつぶやいて、野に出て、〝体を動かす作業〟をする**ことにしている。

たとえば**冬ならば、川へ行く。**

川へ行ってウェダーをはいて（ウェダーというのは、長靴とズボンとタンクトップシャツがくっついたような水中作業着である）、たも網で水辺の水底をすくい、スナヤツメやアカハライモリを探すのである。黙々と。

スナヤツメは、魚の祖先の姿を今にとどめる「無顎類」とよばれる魚類で、河川工事などによる生息場所の消失によって日本全国で絶滅が危惧されている。アカハライモリもスナヤツメほどではないが、特に、低地の田んぼや水辺での個体数が激減している動物である。これらの水辺の動物たちの生息地を確認するべく（アカハライモリの場合は、彼らの冬眠場所を探すという意味もあるが）、空気が零下になるような寒いときでも、私は水辺に行って、たも網を振るのである。すると、脳と体は温かくなり、目の前の作業に集中し、気持ちが透明になる。人生を、ただ、黙々と前向きに生きるような境地になるのである。

夏ならどうするか？

川に行くこともあるが、最近は、大学の近くの田んぼに行って、草を刈ることが多い。田んぼは、私が所有しているのではなく、地域の耕作放棄地を大学で借りているのである。私はそこで、学生たちと、アカハライモリやカスミサンショウウオ、アカガエル、メダカなどが生息できる再生地（ほとんど水場なので以下〝再生池〟とよぶ）をつくっており、実習などでも利用している。

草は、手に鎌を持って刈ることもあるし、草刈り機で刈ることもある。

夏、草はすごい勢いで生長する。だから、再生池を維持するためにも、草は刈らなければならないのである。草刈りをして、田んぼが周りの林や果樹園などともほどよく調和して、里地の快い表情になると、私の気持ちも快くなる。汗をかいた労働の分、よけいに田んぼ全体が、かわいく（といった言葉がいちばんぴったりする）感じられるようになる。

そうそう、忘れていたが、その田んぼでは、ドジョウの養殖（食用である）も試みている。これも大学の近くの川からとってきた在来のドジョウである。単に、希少動物の生息池を再現するだけではなく、人間にすぐ役に立つものも生産し、両者が共存する形の生態系を田んぼにつくり出せないか、という思いがあるのだ。

ちなみに、そのようにして、希少動物の再生池をつくった田んぼは、もし、稲栽培にもどすことになれば、すぐに稲作水田にもどすことができる。その理由の一つは、水田に必要な、水持ちのよい水田に特有の〝土〟が残っているからである。

これが、草が繁茂し、やがてススキやアシといった、土中深く根や地下茎を張りめぐらす植物が全体を覆いはじめると、水田に特有の〝土〟も変化しはじめ、稲作水田にもどすことがだんだんと難しくなっていく。

さて、ここからは、その、**再生池づくりの田んぼの話である。**

六月ごろから、学生たちと少しずつ、田んぼに、人工ビオトープ風に池をつくったり、田んぼのそばの水路を掘り起こしたりして作業を進めた。

田んぼの土は、粒径が小さい粘土質の土で、掘り起こしていると水が染み出てきてぬかるみ、足がとられ、けっこう筋力のトレーニングになる。学生たちは、スコップや鍬で、水深二〇センチメートルくらいになるように土を取り去り、池の中央には、水が少なくなったとき、魚や両生類などが避難できるように、一メートルくらいの深めの穴を掘った。水路などから水が染み出るように池に入り、水草も入れ、たくさんの池が完成した。

次に、川に行ってアカハライモリやメダカ、カスミサンショウウオを採取して池や水路に放した。田んぼの周辺にもともと棲んでいたと思われるマルタニシやカワニナ、いろいろな種類のカエル、ドジョウ、ミズカマキリなども自主的にたくさん池に入ってきた。

そんなことをしている間にも、〝再生池〟田んぼには、いろいろなことが起こった。

田んぼの畦で、カルガモが卵を産んだり、ヌートリア（戦前、南米から輸入された大きなネズミの仲間で、現在、日本のいくつかの地域で増殖し、野菜や稲などに被害を与えている）の子どもが一匹、〝再生池〟田んぼに隣接する、しっかりと稲の苗が植えられた田んぼのなかを泳いでいったり、田んぼと林の間の水路に大きなアオダイショウが現われて、大騒ぎになったり（そばにいた学生たちはヘビから逃げるように離れていき、遠くにいた私は、どんな種類のヘビか確認しようとして近づいていった）……。

けっさくだったのは、再生池の一つに、一カ月くらい前に放したアカハライモリ（腹の模様

休耕田での再生池づくり。全国的に個体数が減少しているアカガエル（上左）やシュレーゲルアオガエル（上右）もどこからかやってきて、作業の様子を“視察”している

で戸籍がつくられていた）が、どれくらい、その池に定着しているかを調べるため、池のなかを網ですくっていたSくんが見つけた**気の毒なアカハライモリ**である。

なぜそんなことになったのかはわからないが、Sくんが「先生、こんなイモリがいました」と言って見せてくれたその手のなかには、前肢の指をドブシジミにはさまれたイモリがいた。

ドブシジミは、一センチにも満たない小さな貝で、沼や田んぼなどに生息する。現在は環境悪化にともない全国的に個体数は減少していると考えられており、準絶滅危惧種に指定している自治体もある。

私には、**アカハライモリの顔が、〝なんとも情けなさそうで、しかし気丈に痛みをこらえている〟**ような顔に見えた。

Sくんが見つけた気の毒なアカハライモリ。指をドブシジミにはさまれている

もちろんわれわれは、ドブシジミを指からとってやろうと努力した。が、ドブシジミはドブシジミで、けっしてイモリの指を離さず、「これ以上やったらイモリの指がちぎれてしまう」ということになった。仕方がないので、そのまま池にもどすことにした。おそらく、池のなかではドブシジミは簡単にイモリの指を離すだろうよ、みたいな決着である。（ずっと指をはさまれたままだったりして。）

そんな時間を過ごしているある日、**私を感動させる一つの事件が起こった。**（いやー、私には実に面白かった。）

何かが私の視界のなかを動いたような気がして、以前、ヌートリアの子どもが泳いでいた田んぼの畦のあたりに目をやると、何とイタチが、ヒョコヒョコと移

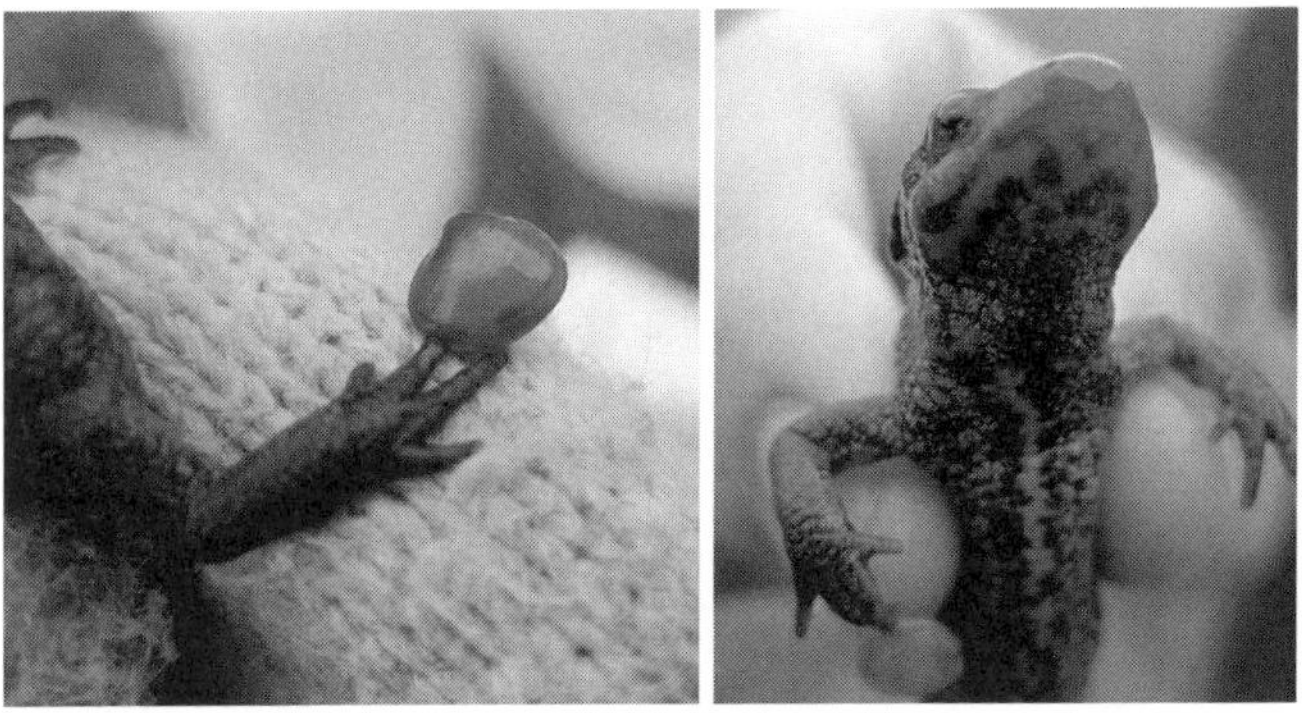

なんとも情けなさそうな、でも気丈に痛みをこらえているような表情だ

動していくではないか。

とっさに、**「ホラ、あそこ！　イタチ！」**と叫んでいた。

畦は長く続いていたので、われわれは野生のイタチをゆっくりと眺めることができた。自由にふるまう野生のイタチの姿など、そうそうゆっくり見ることができるものではない。私は、集中して、イタチの一挙手一投足を見ていた。

そのときである。イタチの頭上に二つの動く物体が接近し、上下しながら、イタチの頭上を舞うように追うのである。

聡明で知識豊かな（このようなフレーズがきたらもう九八パーセント、次にくるのは〝私〟である）〝私〟は、すぐにそれが「鳥」であることを見ぬいた。さらに、それが、ホオジロであることも瞬時のうちに見ぬいた。もちろん私が、〝私の教員としての株が少しでもあがる可能性があること〟を、学生たちに黙っていることはありえない。

「ホラ、見てごらん！　ホオジロが二羽、イタチをモビングしてるよ。覚えているだろ。生態学入門で話をしたモビングだ。おそらくあの二羽のホオジロはつがいだろう。きっとあの近くに巣があって、ヒナがいるんだ」などと大きな声で説明した。

ちょっとここで、「モビング」について説明させていただきたい。

モビングは、自然界で〝食べられる側の動物（被食動物とよばれる）〟が、彼らを〝食べる動物（捕食動物）〟に対して行なう防衛的な行動の一つである。

具体的には、「被食者が、捕食者を発見すると、被食者は、捕食者に自分から近づいていき、一定の距離を保ちながら、捕食者のまわりで警戒的な動作や発声を繰り返す」という行動である。モビング（mobbing）の mob には、もともと「やじる」とか「群がる」といった意味がある。

モビングは、魚、鳥、哺乳類など、さまざまな動物で知られている。たとえば、次のような具合である。

ソラススズメダイ（全長一〇センチくらいの、海底の岩礁に群れをつくって生息する魚で、青色の体が美しい）は、彼らの捕食者であるカサゴオコゼといった肉食魚を見つけると、それに近づいていき、やがて、数十から数百匹のスズメダイが、そのまわりに群がるという状態になるという。もちろん、捕食者から一定の距離をおいて、である。

アイガモやユリカモメ、アトリ（日本では冬に見られるスズメくらいの大きさの小鳥）といった鳥類でも、また、インパラやシマウマといった哺乳類でも、同様な行動が観察されており、肉食獣などの捕食者に、近づき、一定の距離をおいて警戒行動を行なう。

一方、動物学者、特に、動物行動学者は、被食動物が、「捕食者に自分から近づいていく」という、一見、危険と思われるような行動をなぜ行なうのか、という問題を長い間調べてきた。

ちなみに、私自身も、シベリアシマリスで、捕食者であるヘビに対して行なうモビングについて、長年調べてきた。

シベリアシマリスは、ヘビが生きて活発に動いているときはモビングを行ない、死んでいたり、冬眠などで動かないようなときには、ヘビの皮膚をかじりとって自分の体にヘビの臭いをこすりつける行動を行なうことがわかっている。もちろん私が明らかにしたのである。（このあたりのことは、ぜひ『先生、シマリスがヘビの頭をかじっています！』をお読みいただきたい。）

シマリスのヘビに対するモビング。ヘビを発見したシマリスは、尾を激しく左右に振ったり、“地団太”を踏むように足を動かしたりして、ヘビにまとわりつく

シベリアシマリスのモビングは、ほかの動物のモビングとは一味違っており、ほかの動物では、たくさんの個体が捕食者のまわりを取り囲むのに対し、シベリアシマリスの場合、多くても数個体で捕食者にまとわりつく。一個体のみでモビングする場合もある。

でも、そういった〝簡素な〟モビングだからこそ、モビングの意味がわかりやすくなる面もあるのだ。

シマリスのヘビに対するモビングについての話はまたあとでするとして、現在、被食動物が**モビングを行なう理由**として、以下の三つが定説になりつつある。

①モビングすることによって、**捕食者をその場から退散させる。**

捕食者の多くは、慎重に、被食者に見つからないように近づき、十分近くまで来てから不意打ちを食らわすようにして飛びかかる場合が多い。したがって、捕食者が、いったん被食者に見つかってしまうと、捕食が成功する可能性はぐっと低くなる。それを捕食者はよく知っており、被食者にいったん見つかると、狩りをする気分が低下し、退散する場合が多い。

また、被食者によるモビングは、集団で、捕食者の頭すれすれに飛んだり（鳥の場合）、砂をかけたり尾に噛みついたりする場合もある（ジリスがヘビに対して）。つまり、捕食者にとっては、モビングを受けることによって苦痛を感じることもあり、そういうモビングを受けると捕食者は退散する。

②モビングすることによって、**自分と血のつながりの強い同種（子どもとか兄弟姉妹など）に、捕食者の存在を知らせる。**

〝血のつながりの強い〟という部分については、少し説明させていただきたい。

〝血のつながりの強い〟ということは、「相手が、自分がもっている遺伝子と同じ遺伝子をたくさんもっている」ということを意味する。たとえば、自分の子どもには、卵や精子を通じて、自分の遺伝子の五〇パーセントが伝えられる。兄弟姉妹の場合も、（計算してみると）自分と同じ遺伝子をもっている割合は、親子の場合と同じく、五〇パーセントであることがわかっている。

現在の進化理論では、「（モビングも含めて）すべての行動は、自分の遺伝子が、ほかの個体に、より広く伝えられるように進化していく（必然的にそうなる）」ことが示されている。

そうすると、仮に自分にとって危険がともなう行動であっても、その行動を行なうことによって、子どもや兄弟姉妹といった、自分と血のつながりの強い個体が助かるのであれば、それを行なうように進化は進む、ということになる。

モビングも、そういった行動の一つであり、自分がモビングすることによって、近くにいる〝自分と血のつながりの強い個体〟が捕食者の存在に気づき、警戒すれば、彼らが捕食者に捕食される可能性は低くなる、というわけである。実際、モビングは、近くに、子どもや兄弟姉妹などの〝血のつながりの強い〟個体がいるときは、そうではない場合に比べ、激しく行なわれることがいろいろな種類の動物で見出されている。

③モビングすることによって、**捕食者についての、自分に利益になる情報を得る。**

たとえば、アフリカのサバンナ（草原地帯）で、一頭のライオンが横になっていたとしよう。そして、その近くで、群れで草を食べていたシマウマのうちの数頭がライオンの存在に気づいたとしよう。そうすると、その、ライオンの存在に気づいた数頭のシマウマたちはどんな行動をとるか？（常にそうなるとは限らないが）数頭のシマウマたちは、ライオンのほうへ近づき、警戒しつつ、距離を保ちつつ、ライオンの様子をうかがうのである。

このようなシマウマたちの行動もモビングである。

シマウマたちは、そのようなモビングをすることによって、「横たわっているライオンが、今、どういう状態なのか」を探っていると考えられている。つまり、たとえば、狩りをしようとして体を伏せるようにして横たわっているのか、腹は空いてはおらず狩りをする様子はなく、単に休息のために横たわっているのか……などなど。

そして、もし、ライオンが、「単に休息のために」横たわっているのであれば、シマウマたちは、ライオンの存在に対して、大きなエネルギーを使って、警戒したり、場所を移動したりする必要などないわけである。今までどおり、草を食べていればよいことになる。（ライオンが、シマウマの狩りなどできないような小さいライオンであったような場合も同様である。）

つまり、シマウマたちは、ライオンの状態についての情報を得ることによって、貴重なエネルギーを有効に使うことができる、というわけである。

このような〝エネルギーの有効な活用〟ということは、実は、動物の生存にとって重要な意味をもつことであり、情報をもとに、より有効にエネルギーを使う個体のほうが、進化的には繁栄しやすいことが予測されている。

これら①～③の機能については、すべての動物のモビングが三つともすべてを備えているというわけではなく、動物の種類やモビングが起こる状況によって、それぞれの機能の強弱は変わると思われる。

先ほど少しお話ししかけた、シベリアシマリスのモビングであるが、**「シベリアシマリスが**

「ヘビに対して行なうモビングの場合、①〜③の機能のすべてを均等にやり遂げている」というのが私のこれまでの結論である。

たとえば、母子二匹（どちらも大人になっている）のシマリスを大きな飼育ケージ（二メートル×〇・八メートル×高さ〇・七メートル）のなかに入れ、ケージの角で、一匹のシマリスだけが（ヘビに）気づくような装置をつくり、ヘビの頭部だけをケージに入れ（けっして頭部を切りとるわけではなく、ヘビに麻酔をかけ、パイプを使って頭部だけがケージ内に入るようにする）、一匹だけのシマリスにモビングを始めさせる。そして、そのモビングを始めたシマリスの様子を見たもう一匹のシマリスがどうふるまうかをビデオに撮って解析した。（私がいちばん知りたかったのは、**モビングをしているシマリスを見て、もう一匹のシマリスが、ヘビの頭部の場所まで近づき、ヘビの存在に気づくかどうか**という点であった。）

結果は、ヘビにモビングをしているシマリスを見て、ヘビは見えずそれまで休んだり餌を食べていたもう一匹のシマリスが、がぜん、モビングを始めたシマリスのほうを注目し、モビングが行なわれているほうへ近づき、ヘビを発見してモビングに加わったのである。

この現象は、何回やっても現われた。つまり、一匹目のシマリスのモビングが信号になって、別の個体が、ヘビの存在に気づいたのである。

また、シマリスを飼育している、中国山地の山麓につくった大きな囲いのなかで、（ヘビが外に出ないように小鳥用のカゴを上からかぶせた状態で）**大きなヘビ**を、シマリスにモビングさせたときと、**小さなヘビをモビングさせたとき**とで、**モビング後のシマリスの行動にどんな違いが出るか**調べる実験も行なった。

シマリスは、ヘビに対してカゴの外から、尾をふくらませ左右に振ったり、時には、見るからにヘビの様子を探っているといったようなポーズをし、ヘビにまとわりついた。つまりモビングをした。

シマリスがモビングを始めて五分間が過ぎたとき、私がゆっくり近づいていき、カゴごと、ヘビを取り去った。（シマリスは、私の接近に気づいてその場を離れた。）そして、その直後の、一〇分間のシマリスの行動を調べたのである。

その結果わかったことは、「シマリスたちは、大きなヘビをモビングしたあとのときのほうが、小さなヘビ（いずれもアオダイショウ）をモビングしたあとのときより、明らかに、その後、警戒して行動した」ということであった。

たとえば、前者の場合のほうが、木株から草の地面に降りるときや巣穴に入るとき、激しく尾を振ったのである。

余談になるが、モビングすることによって、「相手がどれほど危険な存在か、どんな状態か、について情報を得る」という、〝モビングの機能〟については、私には二つほど思うところがある。

一つは、私が若いころ、アメリカのテキサス州で開かれた国際学会に行き、そのついでに、カリフォルニアのミューア・ウッド自然国立公園に寄り、アメリカのシマリスの対ヘビ行動を

2本足で立って（？）カゴのなかのヘビの様子を見ているシマリス（上と中の写真の○）。体勢を低くし、尾を振ってヘビに接近しているシマリス（下）

調べていたときのことだった。

夕方近くになって、荷造りをして山を下りようとしたとき、四、五頭のシカ（種類はわからない）が、五、六メートル離れた、背丈の高い草地の陰から私を見ていたのである。私は、「あー、これがモビングなんだ。シカからモビングされてるよ〜」と思った。

私のほうは、シカたちの行動が興味深くて、じっと彼らの様子を観察しはじめたのだが（モビング返し、あるいは逆モビング！）、やがて、シカは、じっと見つめ返す私に危険を感じたのか、ぞろぞろと山の上のほうへ消えていった。

一日の作業に体は疲れていたが、カリフォルニアの自然のなかで、懸命に自分のテーマを探求する自分に思いっきり自己陶酔しつつ、きれいな風景や気持ちのいい香りを感じながら、私は、開けた山を下りたのだった。

ちなみに、アメリカのヘビも、私の手にかかればすぐにつかまった。（もちろん、事前に自然公園の管理センターの許可を得ていた。）いい思い出なのだ。

もう一つ、私が、「相手がどれほど危険な存在か、どんな状態か、について情報を得る」というモビングの機能に関連して、かねがね思っていることは次のようなことである。

〝人間が、火事や事故の現場に対して示す強い関心〟、これは、一種のモビングではないだろうか。

火事などの事故があると、多くの、いわゆる野次馬たちが集まって、状況や原因についてさまざまな会話をする。現場を見て、そして、会話によって、火事などの事故の起こり方や進み方、犯人や危険な場所、凶暴な動物などについて情報を得ているのである。

そういった情報は、ホモ・サピエンスが誕生した数十万年前の昔から、現代にいたるまで、いつもわれわれ自身の生存に、確かに有利なものであったと推察される。だから、われわれの脳は、〝事故現場〟に対して強い関心を湧き立たせるような構造になっている、と言ってもいいのかもしれない。

この脳の特性は、私の推察では、〝映画〟（のようなもの）を見たいと思う、その欲求にも深く関係していると思う。（もちろん、その欲求の本体の全部だというわけではない。）

アクションものでも、ホラーものでも、それを見ることによって、「事故の起こり方や進み方、犯人や危険な場所、凶暴な動物、そして同種（つまり人）の危険な心理」などについて情報を得て欲求を満足させている、とは言えないだろうか。

さて、少し（大分？）道草を食ったが、このような**モビングが、今、春の田んぼで起こって**

いるのである。普段はとても見られないような、野生のイタチの頭上を、二羽のホオジロが、まとわりつくように飛んでいるのである。

「むー、これはおもに、〝捕食者をその場から退散させる〟機能をもったモビングだなあ」

とか思いながら、様子を見ていた。（そして写真を撮った。それが左の写真である。）

すると、案の定、イタチは、まとわりつくホオジロを嫌がるように、時々、鳥のほうを向き、足早に畦を移動していき、やがて林のなかに消えていった。

私の学生への説明は、いよいよ（自分のなかでは）説得力と迫力を増し、ホオジロたちのイタチへのモビングを、あたかも私が用意した教材であるかのように、「……というわけですね」で締めくくった。

そして、私のその勢いは、数日後の講義にも持ちこまれるのである。

私は、講義室の百数十名の学生を前に、田んぼで起こったホオジロたちによるイタチのモビング（そして、それを発見した私の偉業）について詳しく説明し、左の写真を見せて言ったのであった。

「この写真がそのとき私が撮った写真です。これがイタチで、この上のこれが、イタチをモビングする鳥です」

これがホオジロにモビングされているイタチだ！（写真の上の○のなかにホオジロ、下の○がイタチ）。春うららの田んぼでは、実にいろんなことが起きる

しかし、**そのときの雰囲気は、なんと言ったらいいのか、**私の説明に十分納得していないみたいな空気と言えばよいのか、そんなものを私は感じたのである。聡明で知識豊かな私は、すぐに、それが、写真のなかの〝鳥〟についての疑念であることに気づいた。

私は、ここは、とにかく、**「私は逃げも隠れもしない、堂々としています」**という印象を学生に与えなければならないと思い、次のような提案をした。

「ここに写っているこの物体が、ひょっとしたら鳥に見えない人もいるかもしれない。私は、みなさんの率直な感想が聞きたいので、感想・質問用紙に書いてあとで出してください」

さて、授業が終わって私は学生諸君が提出した感想・質問用紙にさっそく目を通してみた。安心した。ほとんどの学生は、はばたく鳥に見えていたのだ。最後にそのなかでも特に印象に残った感想を一つ紹介したい。

「鳥かどうかわからないが、動物がいます。いや、鳥ですね。確かに鳥です」

私は、（張りぼての）威厳をチャンスさえあれば示すようにしているが、けっして怖い教員ではないよな？と自問したのだった。

NHKのスタジオの
テーブルの上を
歩きまわった三匹のイモリ

私は“ラジオキャスターのプロ精神”を感じた

二〇〇九年の春、ＮＨＫラジオのある番組から出演の依頼があった。直接ではなくて出版社を通してだったかもしれない。（その後、また別の番組でＮＨＫから出演依頼がきたので、少しそのへんの経路が混乱しているのだ。私の頼りない脳にも困ったものだ。）

ラジオ第一放送の午後六時ごろからの番組「夕方ニュース」のなかに「今週はここに注目！」というコーナーがあり、そこで「鳥取環境大学の森の人間動物行動学」というテーマで話をしてほしい、という内容の依頼だった。

（ちなみに、「鳥取環境大学の森の人間動物行動学」というのは、築地書館から出ている私の三冊の本、『先生、巨大コウモリが廊下を飛んでいます！』『先生、シマリスがヘビの頭をかじっています！』『先生、子リスたちがイタチを攻撃しています！』に共通したサブタイトルである。余計なことであるが、三冊をまだ読んでおられない方がいたら是非購入して読まれることをお勧めする。）

聞き手の方は、日本放送協会（つまりＮＨＫ）解説委員のＭさんで、電話でお話しした印象ではとても感じのいい、五〇～六〇代くらいかなと思われる男性の方だった。（実際にお会いしてその印象は間違っていなかった。）

ところで、最初その話を聞いたとき、私は次のように思った。

〝ＮＨＫ解説委員〟と聞いてまず私の頭に浮かんだのは、ＮＨＫ教育テレビの番組「視点・論点」で難しい話をされる（それをわかりやすく解説される）立派な方というイメージである。そんな立派な（社会的に重要なテーマを専門とされる）方が、どうして、私が書いた、単純で、社会派の人が興味をもつとも思えないような話の相手をしてくださるのだろうか。

でも私はすぐに、次のように思いなおした。

大学の宣伝にもなるし、ひょっとすると、**私の本のなかには、「現代日本が抱えている非常に重要な問題を鋭くえぐったすばらしい提起」が潜んでいるのかも**しれない。そういえば、あの文章はちょっとよかったような気もする。**あのイモリの事件も、社会に深い示唆を与えたのかもしれない**（どんな示唆かはわからないが）。そうか、そうに違いない。実は、私もうすうすそうではないかと感じないわけでもなかったのだ。そうか。そうだったのか。

かくして私は、日本放送協会解説委員のＭさんとの対談に臨むべく、渋谷のＮＨＫ放送センターに行ったのである。

ちなみに、Ｍさんから聞かれる質問はあらかじめこちらに送られてきていた。その内容は、

「先生、……！」シリーズの本の中身に関係した内容であった。だから私としては、特に何も準備する必要はなく、どれをどう聞かれてもすぐ答えられるようなものだった。

さて、そこで**私のなかの〝少年〟が頭をもたげてきた。**

鳥取から東京まで行くのである。飛行機を使うから、二酸化炭素の排出量もそれなりに大きい。だったら、それに見合うだけの社会貢献が必要ではないか。ぜひとも、番組を聴いてくださる方々に、（私の深遠な内容の話以外にも）「おっ！」「えっ！」と思わせるような時間をさしあげたいではないか。人間の学習特性からいっても、そのほうが聴取者の方々の興味・関心を喚起しやすい。それに、そのほうが、私にとっても面白いし、達成感のようなものが感じられる。

少し考えたあと、私は、**三匹のお供と一緒にスタジオに入ることにした。**

三匹のお供というのは、（断っておくが、イヌ、サル、キジではない。そもそも、そんな動物たちを連れていったら、スタジオに入るときに見つかってしまうではないか）……大、中、小のアカハライモリである。

小林少年の作戦はこうだった。

最初は予定どおりに、Mさんの質問に、素直に答えていく。そしてタイミングを見はからって、アクシデントを起こす。

そう、話の途中で、あるとき、突然、大、中、小のアカハライモリたちがスタジオの机に出現し、歩きはじめるのである。

Mさんは、わけのわからない動物を目の当たりにし、一瞬、驚く。

その場は、動揺と臨場感が入りまじった状況になり（〝混乱〟とも言うかもしれないが）、話は盛り上がる。

ちなみに、大、中、小のアカハライモリというのは、これがまた、野生動物の研究に関して重要な意味をもつのである。

大、中、小のアカハライモリというのは、孵化後約

NHK放送センターへお供した3匹のアカハライモリ。
孵化後約4年目（大）、2年目（中）、1年目（小）

四年目、二年目、一年目のイモリで、体長は、それぞれ一六センチ、六センチ、三・五センチ程度である。

アカハライモリは、孵化後はまず、鰓《えら》をもつ幼生（カエルでいえばオタマジャクシ）として、水中で数週間過ごし、その後、鰓がなくなって（つまり、変態して）幼体になる。幼体というのは、成体のアカハライモリのミニチュアのような感じである。（私がスタジオに連れていった三・五センチ、六センチの小・中のイモリは幼体である。）小さいけれど、指も五本しっかりそろっており、小さい体につぶらな瞳が、かわいらしさとひたむきさを感じさせる。

虫を悪魔のように忌み嫌う同僚の女性のM先生でさえ、私の研究室で、水槽のなかの幼体にはじめて対面させられたとき、最初はぎょっとしていたが、私の心を打つ解説に徐々に気持ちがほぐれ、最後は「紅葉の

アカハライモリの幼体

ような手がかわいい」と言ったほどである。

幼体は水から出て、陸上に上がり、三〜四年、ずっと陸上で生活する。三〜四年後、性的に成熟した成体になり、春に繁殖水場にデビューする。だから、孵化後一年目、二年目のアカハライモリの幼体は、野生ではなかなか見ることはない。私は、ベールに包まれていると言っても過言ではない、野生のアカハライモリの幼体の生活を大変苦労をしながら調べており、だから、急に収録という事態になっても、〝中・小〟の個体と連れ立ってスタジオに行くことができたのである。

さて、**収録が始まった**。

収録には、ある女性のキャスターの方が同席され（見るからに聡明さが感じられるそのお顔は頭に浮かぶのであるが、自己紹介された名前を忘れ、いただいた名刺も紛失してしまった。ごめんなさい。仮にFさん、とよばせていただきたい）、Mさんとともに、私にいろいろと質問された。Fさんの登場は予定外であったが、それによって小林少年の作戦計画が揺らぐことはまったくなかった。

話は予定どおりの筋道で進んでいき、私もそれらの質問に対して、適当に（いや、適切に）

答えていった。

一方、私のすぐ横に置いた赤いザックのなかでは、**三匹のアカハライモリが、今か今かと出番を待っていた。**（そんなわけはないが、外に出たがっていたことは確かだろう。放送センターに入る前に、三匹の様子を確認していたが、三匹とも絶好調で、容器のなかで動きまわっていた。）

それを知っていた私は、質問に答えながらも、頭の隅で（大脳皮質の前頭連合野あたりでさまざまな情報を総合しながら）、〝そのタイミング〟をねらっていた。MさんやFさんの口からアカハライモリについての、ある種の言葉が発されるのを待っていたのである。

あらかじめ送られてきていた、〝Mさんから聞かれる質問〟の予定では、インタビューの中ごろに、イモリについての質問があるはずだった。

そして、**ついに〝そのタイミング〟は来た。**

どんなタイミングだったかは忘れたが、話も終わりに近づいたころ、それが来たのである。このタイミングを逃したら、どうして、三匹のイモリに空を飛んで東京まで来てもらったのかわからなくなる。

「あっ、そうそう……。そういえば、ここにそのイモリたちがいるのですが」

といったような割りこみだったと思う。私は「話題がほかへ移る前にやらなければ」との一心で、ザックから容器に入ったイモリたちを取り出し、机の上に置いた。その動作はわれながら大変素早かったと思う。

「よし、うまくいった」

ここまでくれば、作戦がゼロで終わることはもうない。あとは残りの半分を、後先考えずにやり遂げればいいのだ。

肝心のMさんとFさんの顔を見ると、まだ事態の状況を十分理解しておられない様子だ。**「これから何が始まるのか」**といった表情で容器のほうを見ておられる。（まあこれからわかりますよ、と私の脳が独りごとを言う。）

私は矢継ぎ早に、容器の蓋を取り、なかから三匹の子豚、ではなかった、三匹のイモリを手の平に乗せ、「この小さいのが生まれてから一年目のイモリ、これが二年目、これが四年目です。この一年目と二年目のイモリは水に入ることはなく、完全に陸上で生活しているので、人目に触れることは、とてもまれで……」とかなんとか、早口でしゃべった。

やがて（これも私の予定だったのであるが）、はじめは私の手の平でポカーンとしていた三匹のイモリが活発に動きはじめるようになったので、私は、手の平から机の上にイモリたちを解き放してあげた。

　イモリたちは、はじめての机の上で、それぞれ何かを感じたのか一瞬動きを止めたが、すぐにそれぞれが思う道を進みはじめた。そして、一年目のイモリと二年目のイモリが（大変喜ばしいことに）Fさんのほうへ向かって歩きはじめたのだ。

　Fさんは、突然、机上に現われ、自分のほうへ近づいてくる小さな動物に大きな不安を感じられたのだろう。身を引くような姿勢になった。そして、と言うか、しかし、と言うか、**次のようなことをマイクに向かって言われたのである。**不安と驚きの入りまじった高い声で。

「こ、このいちばん小さい、大きさがどれくらいでしょう、三センチくらいでしょうか、このイモリが生まれて一年目のイモリで、それより少し大きいもう一方のイモリが二年目ですか。二匹とも腹のあたりに赤い色が見え、しっぽの上に赤い線が入っています。手足は細く、その先に小さな指がついています……」（一つ一つの文言は正確さに欠けると思う。なにぶん、貧しい私の脳の記憶に頼っているので。）

　私は、Fさんの状態に満足しながら、一方で、ある思いを感じていた。

　それは**〝ラジオキャスターのプロ精神〟とでも言えばよいのだろうか。**

　突然机上に現われた、黒くて、腹と尾の上に赤色がわずかに見える動物（映像でもなく、水槽のガラスを隔てているわけでもない。実物がそこにいるのである。それも動いているのである）が、自分のほうへ近づいているのである。おそらく、そんなアカハライモリをそれまで見たこともなかったと思われるFさんにとって、その瞬間は不安な、怖い時間だったと推察される。

でもFさんは、ラジオの向こうの人たちに伝えるべく、（多少声が上ずっていたとはいえ）しっかりとイモリの状態を言葉で伝えつづけられたのである。

収録が終わったら、別室で音声の調整や録音をされていた方々が、「子どものイモリを見せて」と言って、収録の部屋に急いで入ってこられた。そこで熱心にイモリを見られ、ひとしきり、小さいイモリの話が続いた。

当初、ターゲットはMさんだったが、終わってみればそれがFさんになっていた。

ちなみに、Mさんは、イモリの出現にもあまり動揺はされず、泰然として、話の進行を続けられた。あとで聞くと、Mさんにはイモリと慣れ親しんだ経験が（おそらく子どものころ）おありになる、とのことであった。

でも小林少年としては、Fさんの行動で大変満足であった。

そんなこんなで、私は、頑張ってくれた三匹のイモリと一緒に、達成感を感じながらNHK

放送センターをあとにしたのだった。

さて、その収録が放送される日が来た。

残念ながら、イモリたちの協力を得て小林少年が演出した臨場感あふれる（と思われる）場面は、カットされていたらしい。〝らしい〟というのは、実はまだ私は、その放送を聞いていないのである。たまたま放送を聴いてくれていた数人の知り合いからの話でその〝カット〟を知った。

放送は夜の六時くらいからあることは知っていたが、大学の会議があって聞くことができなかったのである。その後、Mさんからごていねいに、録音テープが送られてきたが、ちょうど忙しいときだったので、どこかに置いて、そのままになっている。（私の脳が、その場所を忘れてしまったのである。困ったもんだ。）

ありがたいことに、放送を聴いた方から一〇通ほどの手紙や葉書をいただいた。そのなかには、「先生のお話は、老人（文脈から、その方自身のことだと思われた）の心に灯をともしました」という文章で締めくくられていたものがあった。〝先生のお話〟のどこが〝灯をつけた〟かはわからない。しかし何か、元気になっていただいたような内容のお手紙だった。もし、

〝イモリたちの協力を得て小林少年が演出したアクシデント〟がカットされていなかったら、灯は燃えさかったに違いない。

手紙や葉書を読みながら、いずれにせよ、放送内容は、聞いた方にいくばくかの共感や元気さを提供したのかな、と思った。うれしいことである。

ちなみに、私が冒頭で書いた「現代日本が抱えている非常に重要な問題を鋭くえぐったすばらしい提起」を、ラジオでの私の話から感じられた方は（少なくとも、それを感じて手紙を書いてくださった方は）、いなかった。

でもそれでいいのだ。負け惜しみではなく、それでいいのだ。現代日本が抱えている問題は、一人ひとりの個人的、日常的な思いの変化が広がって、内側から解けていくものなのだ。（なんちゃって。）

放送日が過ぎて一カ月ほどしたある日、夜、何気なくテレビをつけると、あのMさんが「視点・論点」で話をされていた。何か世界情勢に関する難しい話だったように記憶している。（内容がわかりにくかったというわけではなく、番組が終わり近くになっていたことと、「あっMさんだ」、という思いの両方で、話の全体像がわからなかった、ということである。）Mさんと、収録の前後も含めて話をしたことが懐かしく思い出された。

スタジオに連れていかれた三匹のイモリは、その後、私が調べたかったことも終わり、今は、もといた河川敷で、草のなかか水中にいるはずである。スタジオでの体験がどのような記憶として残っているだろうか。

人間に、泣いたり苦しんだり笑ったり喜んだりしながら生きていく生活があるように、イモリたちにも一生懸命の生活がある。（彼らの生活のなかには放送局はないが。）そして、その生活は、地球という、あるいは、地域という場所のなかで互いにつながりあっているのである。

私はラジオでそんな話をしたつもりである。

ペガサスのように
柵を飛び越えて逃げ出す
ヤギの話

頼むからこれ以上私を苦しめないでおくれ

何度でも言いたいのだが（鳥取の中心で叫んでもよいのだが）、私は自然、なかでも、動物が好きである。彼らの形態や行動のなかに、進化の道のりを通して環境へ適応してきた、独自の習性を読みとるのが好きだ。そして、それらの習性を科学的に理解し、さらに擬人化して彼らと対話するのが好きである。

ちなみに〝擬人化〟という精神作用の研究は、私のライフワークだと思っている。擬人化は、けっして自然民族の素朴な認識作用や、子どもの幼稚な思考などではなく、ホモ・サピエンスという動物が、「進化を通して環境へ適応してきた結果としての独自の習性」なのだと思っている。この話は、かなり長くなるので、また別の機会に。（別の機会っていつ？と聞かれると困るのだが……。）

話はがらっと変わるが、私は、現在勤務している鳥取環境大学に、その開学のときからお世話になっている。

今でもありありと思い出す。

開学直前のキャンパスに立って、建物群の西側に広がる広い茶色の台地（工事が終わってまだ草一本、生えていなかった）を見たとき、**私の脳のなかには、青々とした台地のなかで、暖**

かい太陽の日差しを浴びてゆったりと草を食む白いヤギが見えた。

そして私は、もちろん、ヤギに近づき、その目から鼻先にかけて優しくなでてやり、ヤギは草を食むのを少しやめ、目を細めるのである。

あー、なんとすばらしい光景、体験であろうか（脳のなかだけの）。


幸い、私が、忘れもしない「生物学入門」の講義で、ぽろっと語った〝緑の台地のなかの白いヤギ〟の話に共感してくれる学生たちがたくさんいて（私としては「引っ越しましたので近くにお越しの節はお寄りください」みたいなのりで言ったのだが、学生は「じゃ五分後に一〇三教室で会いましょう」みたいな反応をしてくれて）、事態は急展開に進んでいった。

全国でもはじめての「ヤギ部」なるものができ、それを追うようにして、私は、鳥取県内に〝ヤギ探し〟の旅に出ることになったのである。私の言葉を純粋に受けとった学生たちの手前、私もそれに一生懸命応えるほかなかったのである。

鳥取県の名山の一つ〝大山《だいせん》〟の麓にあるトム・ソーヤ牧場の社長さんのご好意で、生後二カ月の子どもをもらい受け、学生たちはヤギコと名づけた。

（社長さんの話だと、あまり大きくならない種類だ、ということだったが、四年後、一期生の学生たちが卒業するころには、卒業式の答辞でWさんが「入学したころ小さかったヤギコが、今、山のようになった」と言った。社長さん、どうなってるんですか。）

それから、まー、ほんとにいろんなことがあり、今は、ヤギコはわがままいっぱいの（でも大変愛すべき、というかまだ愛されている、というか）巨大なヤギになり、一方、新たに個性豊かな四頭のヤギが入部して、計五頭のヤギが台地で草を食んでいる。

さて、ここでお話ししたいのは、わがままいっぱいのヤギコの話ではなく、まだ**入部して一年程度のいちばん新米のヤギ**（母娘の関係にある二頭の雌）についてである。

その母娘は、ヤギ部の学生たちが、インターネットで探し、兵庫県の牧場から無料で譲り受けてきたヤギたちだった。

私がそのヤギ母娘にはじめて出合ったのは、彼女たちが大学に来た日の次の日（確か日曜日）の朝だったと思う。彼女たちは、鳥取環境大学ヤギ群の先輩であるコハルとコユキ（この二頭も母娘であり、ヤギコより二回り、三回り小さかった。名古屋大学の農学部からもらってきた〝シバヤギ〟とよばれる品種だった）の柵のなかに入れられていた。

はじめて彼女らを見たときの印象は、「スマートで少しおどおどした感じのヤギ」であった。

毛並みも、二頭とも少し乱れており、ヤギコとえらい違いじゃわい、と思ったものだった。

大きさは、ヤギコとコユキ、コハルの中間くらいで、娘ヤギのほうには角がなかった。角が生えはじめた子どものころ、角の組織を焼くと角が生えてこないらしいが、おそらく、お客さんの安全のためにそうされたのだろう。

いろいろ心配も頭をよぎったが、でもとにかく、新しい動物が増えることはうれしいことだ。

「おお、よく来たなー」と言って、姿勢を下げ、とりあえずは柵の外からゆっくり近づいた。

ちなみに、私は、大学のヤギたちにはすべて、大きくはっきりと言葉をかけて接触することにしている。遠くからでも、ヤギが私に気がついたと感じたときには、必ず、

「よっ!」とか、

「調子はどうだ?」とか、

「今日は何を食べた?」とか、

「じゃ、今日は帰るわ!」とか。

もちろん、その場面を見た学生は、小林だから仕方ないと平然とやり過ごすか、**見てはいけないものを見てしまった**ようなばつの悪そうな表情をするか、かかわりたくない、かかわってはいけないという雰囲気で立ち去るか……。(こうしてみると、私も学生諸君にいろいろと、

気を使わせたりして迷惑をかけているわけだ。）

先日は、ヤギの柵の全体像をカメラで写そうと思い、大学のいちばん高い建物の屋上に上がって、屋上の柵に登ってヤギたちを見ていたら、何と、コユキが、遠くの遠くの私のほうに、**メー**と鳴いたのである。（これは誰が何と言おうと間違いない。私の姿に気づいて、だ。）

もちろん、私も、遠い遠い屋上から、大きな声で、

「おーーい」

と返してやった。誰かに迷惑をかけたかもしれない。

いずれにせよ、新しいヤギたちにも反射的に「おお、よく来たなー」という、心からの言葉が出たのである。

遠くからコユキが私に気づいて“メ〜〜”と鳴いたので、私も大きな声で「お〜〜い」と返事した

私の「おお、よく来たなー」という呼びかけを聞いて、母ヤギは、警戒の表情を顔や体に浮かべ後退した。

一方、娘ヤギは、むしろ私に近寄ってきて、手のニオイを嗅いだ。私は、娘ヤギの、角があるはずだった部分をごしごしこすってやった。ヤギは、自分では掻くことができない体の部分を掻いてやると気持ちよさそうな表情をすることが多い。その娘ヤギもそうだった。

母ヤギは、そんな触れあいをしている娘ヤギと私を、数メートル離れた場所からじっと見ており、依然として体に警戒の表情が浮かんでいる。

やがて、こちらを見るのをやめて歩き出した。

……と、その歩き方がスムーズでないことはすぐわかった。前方の片方の足にケガでもしたとき

大学のいちばん高い建物の屋上に上って撮った写真。右ページの四角いのが、今回問題になるヤギが入っている柵だ。左ページの柵や左・右の柵を広く囲む外側の柵の説明は、話が長くなるので今回は省略する

のような歩き方、つまり、左前肢を踏み出したとき肩が下がるのである。

私は心配になり、姿勢を低くし動作は慎重に慎重に、そして柔らかで親愛の気持ちをもった声をかけながら柵のなかに入っていった。

〝柔らかで親愛の気持ちをもった声〟というのは、たいていの哺乳類や鳥類などには共通して、警戒を和らげる効果があると私は思っている。なぜなら、声の生み出す喉の筋肉の動きと、相手に近づいたり相手に触れたりするときの動作をつくり出す筋肉の動きは、進化的には親戚であり、たいていの動物で、好意的なメッセージを伝えるときは、それらの筋肉は、あまり激しくない、緩やかかな動きをすることが多いのである。そういう動きで生み出される声は、〝柔らかで親愛の気持ちをもった声〟になる、というわけである。

(ちなみに、この仮説は、現在、人間の言語の進化的な起源の論争のなかで、重要な意味をもつ仮説なのである。私は、あまり自分で自慢することはない人間であるが、実は、私のちょっとした言葉のなかには、大変、深遠で先端的な学術的な内容の裏打ちがあるのである。)

姿勢を低くするのは、もし直立のままで近づくと、ヤギは、二メートル近い大きな動物の接近を感じるわけで、ヤギは怖がるだろうと思うからである。(ヒトという特殊なかっこうをしている動物以外で、頭の位置が二メートル近い位置にある動物は、かなり大きな動物であるに違いない。)

時間をかけてやっと母ヤギのそばまで到達した私は、心配した左足を見て驚いた。**蹄《ひづめ》がほとんど、ない、**のである。

蹄がはえている骨と、その上の骨(人間で言えば指と手の甲の骨)も縮んで短くなっていた。おそらく、生まれた時点でそうなっていた、と思われる。その結果、左足全体の長さが、ほかの三本の足より短くなっており、歩き方が、左前肢を踏み出したとき肩が下がるような動きになるのである。

母ヤギの足の状態や細い体、人間を警戒するそぶりなどから想像して、この子はいろいろと苦労して生きてきたのではないだろうか、と思った。私なりに心に突き刺さるものがあった。

「よろしくな」とだけ声をかけてゆっくり立ち去った。

しかし、と言えばよいのか、幸か不幸か、と言えばよいのか、この母ヤギ、その後、実にいろいろな事件を起こすことになることを、そのとき、私は予想もしていなかった。

私は、クルミ(ちなみに、部員たちは、母ヤギにクルミ、娘にミルクという名前をつけた)

が起こす、私のそれまでのヤギへの認識をはずれた行動を、足のハンディキャップゆえに身につけてきた能力と推察した。足が不自由だから、それを補って生きぬくために、人並みはずれた、いやヤギ並みはずれた能力やチャレンジ精神を身につけていたのではないかと。

たとえば、こんなことがあった。

夜の一二時ごろだったと思う。大学の裏の森から、**ヤギが、断末魔のような声で繰り返して鳴く声が聞こえた。**駐車場に接した森であったが、私が帰宅しようと研究棟の裏門から出たとき、かすかに聞こえるその声を聞いた。

もちろん、かすかに聞こえる声ではあっても、私くらいの、すぐれた(…………)、動物行動学者になると、それを発している動物の種類、動物の状態を的確に察知できるのである。(さらに、このときは、どのヤギか、まで察知した。)

斜面の階段を上り駐車場のほうへひたすら走った。

そこには、駐車場と森の境に設置されている街灯が照らす薄明かりの空間のなかに、娘ヤギが、首をのばし、こちらを向いて、すっくと立っていた。声はその後方の森から聞こえていた。

私は、やっぱりそうか、と思った。

つまり、鳴いているのは、クルミに間違いない。

ミルクのそばに行くと、ミルクは、私を導くかのように森のほうへと移動していった。少し斜面を上って森に入ると、薄明かりのなかに木に前肢を掛けた状態で、私のほうを見るクルミがいた。**ただ事ではない雰囲気があった。**どうして、クルミはそんなかっこうになっているのか。何がクルミに苦痛を与えているのか。

緊迫した状況のなかで、私は「よしよし、私だよ」と声をかけながらクルミに近づいていった。（これは重要な行為である。クルミは、相手が発する声で、相手が誰かを認識できる。近づいてきた動物が、日ごろから彼女に好意的に接している、つまり信頼されている私であることを早く知らせてやらなければならない。）そして、クルミの不自然な姿勢と、苦痛の理由がわかった。

クルミは、地上一メートル程度のところで太い二本の枝に、枝分かれしているコナラ（ブナ科の樹木で、秋には堅果、いわゆるドングリを落とす）の木に前左足をはさまれた状態で、身動きがとれなくなっていたのだ。

おそらくこんなことが起こったのだろう。

ヤギは、樹木の葉も大好きで、それを食べるときは（葉は上についていることが多いので）、前肢をのばして、ちょうど木に、はしごを掛けるように（足をはしごのようにして）頭を高い位置に保って、葉をちぎって食べる。これはなかなか体力のいる行動である。

クルミは、人一倍、いやヤギ一倍、力を振りしぼり、危険もともなうその行動にチャレンジしたのだと思う。そして、蹄が小さく、滑りやすい前左足を、誤って二股の枝の間に落としこんでしまったのだろう。

クルミはかなり体力を消耗し、二股にはさまれた足も、接点の毛がひどく乱れ、骨が折れてはいないか、と思うほど、嫌な角度に曲がっていた。

できるだけ早く、と思った私は、**「よし、クルミ、助けてやるからな。大丈夫だからな」**と言って、クルミの胴体に腕を回し、前半身を持ち上げるようにして、左足を二股から浮かせてはずした。（けっこう重かった。）そしてゆっくりと地面に前両足をつかせてやった。もし、左足が折れていたら、左足はつけないだろう。緊張の一瞬である。

クルミは、しっかりと左足も地面につけて立った。まずは、よかった。

でも歩けるか？　斜面を下りることができるか？

私は、もう、駐車場までクルミを背負って斜面を下りる覚悟をしていた。しかし、幸いにも、クルミは、ヨタヨタしながらも、自力で斜面を下りていった。

駐車場で、一休みしたクルミは、それから、大学ヤギ集団の長老、ヤギコの小屋へと向かって歩いていった。二股にはさまれていた部分は腫れていた。やはりまだ痛いのだろう、いつにも増して、左肩の上下動が大きかった。(なぜ、クルミがヤギコの小屋へ向かうのか……話が長くなるので、また別の機会に。それと、その腫れは、翌日、部長のNくんに頼んで、保健所の人に診てもらい、炎症が起きているが骨には異常はないことがわかった。)

言い忘れていたが、私がクルミの救出をしている間、娘のミルクは、絶えずそばにいて、状況を見ていた。クルミが斜面を下りて、ヤギコの小屋に向かうときもミルクは寄りそっていた。私は、ヤギの集団の社会組織の一面を垣間見る思いがした。少なくとも母子のつながりは強く、おそらく長期間維持されるのだと思う。

それと、もう一つ大事なことを言い忘れていたが、クルミを、二股からはずして地面に降り立たせてやったとき、そして、クルミが斜面を歩いて下りたとき、娘のミルクは、**「母さんを助けてくれてありがとう」**とでも解釈できるように、何度も何度も私の体に頭をこすりつけてきたのだ。(その行為の発現の背後に「母さんを助けてくれてありがとう」といった感情が関係していたかどうかは、動物行動学の視点からも興味あるところだが、……話が長くなるので、また別の機会に。)

こんな出来事がいろいろ起こるのである。

私は、ミルク、じゃなかったクルミ（部員もややっこしい名前をつけたものだ）の命を救ってやった（そこまで言うと少し大げさかもしれないが）と思うことが何度もあったのである。

それなのに、ああ、それなのに、**クルミは、あることで私を苦しめるのである。**

私はそのことで、同僚の先生に、平身低頭、何度（実際には二度であるが）頭を下げたことか。

それが、この章を私に書かせた理由である。そして、それもまた、クルミの人並みはずれた、いや、ヤギ並みはずれた行動のせいである。（それは私にとって、愉快ですばらしいことでもあったのだが。）

ちなみに、先ほどお話しした〝クルミ、コナラ二股救出事件〟で、そもそも、なぜ、クルミとミルクが、彼ら本来の柵から外に出て、自由に行動していたか、疑問にもたれた方はおられないだろうか？　その方は私の本を一生懸命読んでおられる方だ。そんな疑問は別にもたなかったよ、と言われる方は、………それなりに読んでおられた方だろう。

クルミとミルクを一〇メートル×一〇メートル程度の（それなりに広い）柵のなかで飼いはじめて、一週間ほどたったころから、**不思議な事件が起こりはじめた。**

当番の部員は、クルミとミルクを（ほかのヤギについても同じだが）、午前中に柵から出し、日中は紐につないで外の草を食べさせ、夕方には柵のなかに入れる、という日課を、基本的に毎日行なっていた。

ところが、午前中にクルミとミルクのところへ行ってみると、**クルミだけが柵から外に出ていて、勝手に外の草を食べている、**ということが、たびたび起こりはじめたのだ。

部員たちの間では、**「まー、いろいろあるさ」**みたいな……、「その日の当番の人は、柵の戸締まりをしっかりしましょ」みたいな……程度ですませていた。

ところが、それが一週間、二週間と続くと、当然のことながら、なぜそんなことが起こるのだろうか、という話になってきた。

一方、それまでにも、クルミの、人並みはずれた、いやヤギ並みはずれた行為を目の当たりにしていた私は、（たとえば、先輩のコハルとコユキと同じ柵内で隔離するために格子状の鉄のネットで仕切っていたところ、クルミが格子の一区画に頭部を入れこんで、入れこんだのはいいが角が邪魔になってぬけなくなって……。**普通のヤギがそんなことをするか?!** ヤギコもコユキもコハルもミルクも、**だれ――――も、だれ――――も、**こんなことをしたヤギはいない。おまえだけじゃ！　でも、クルミはもがいて体力をかなり消失しており、私は、夜のキャンパスを走って研究棟にもどり、金切りノコで鉄の格子を切り、クルミを救出してやったのだ）、「クルミがなぜか柵の外に出ている」という話を聞いたその時点で、また何か人並みはずれた、いやヤギ並みはずれたことをしでかしているに違いない、と確信したのだった。

しかし、それが何かは、私にもわからなかったのである。

最初は、クルミが外に出ていたからといって、まったく問題はなかった。別に遠くに行くわけではないし、柵の近くにとどまって草を食べていただけなのだから。

ミルクは、**「母ちゃんはいいな。外に出られて」**みたいなまなざしで、時々柵のなかからクルミを見ていたが。

そのうち、柔軟性がある部員たちの間では（私も〝助言〟したのだが）、クルミの行動を、新しい一つの飼育の形態と考える、といった暗黙の合意みたいなものができていた。

つまり、夜は柵のなかに入れるが、朝、クルミが、ヤギ部の〝縄張り〟（そのなかには、ヤギの柵に隣接した、駐車場なども入っていた）の範囲内で活動しているのは、想定内の出来事、というわけである。もちろん、そのヤギがヤギコだったら話は違う。ヤギコがそんなことをしたら、そこかしこで人間の悲鳴が鳴り響いただろうが、クルミはむしろ人を恐れるようなヤギである。それに、とても素早いので、車との衝突なども考えられない。

問題はないだろう。

さらに、**部員たちの柔軟性は拡大し、**母親であるクルミだけが外にいるのはかわいそうだから、娘のミルクも一緒に行動させてあげよう、みたいな感じになったのだろう。母娘はよく連れ立って、ヤギ部の〝縄張り〟内をうろうろしていた。

さて、それはそれでいいのだが（いいかどうかよくわからないが）、私としては、クルミが、隙間も小さく、高さも高い柵から一体どのようにして脱出するのか、知りたいと思っていた。それはそうでしょ。それは知りたい。

それと、クルミとミルクは、だんだんと、柵の外での行動範囲を広げているようで、事務の方からも、それとなく、あの二匹はあれでいいのですか、といった声が、チクリチクリと聞こえてくるようになった。

私は、時々、ハードな（あくまでも〝私にとっては〟であるが）デスクワークに疲れると

（飽きると、と言ったほうがよいかもしれない）、**クルミの秘密を解き明かすべく、現場、つまり、柵のところへ行ってみた。**

クルミは、柵の外に出ていることもあったし、柵のなかにいることもあった。柵のなかにいるクルミは、涼しい顔、と言えばいいのだろうか、しらじらしい顔、と言えばいいのだろうか、とにかく何事もなかったように、時々こちらを見て、草を食べているのである。

私は、そんなクルミが、なんとも愉快な気分になり、しかし、一方で、ミッションはけっして忘れない。（私くらいになると、その場の雰囲気だけに流されっぱなし、ということでは終わらないのである。）

「クルミさんよ、あんたはどうやって外に出るの」

と堂々と正面からズバリと聞いてやるのである。

もちろん、クルミは何も答えない。

しかし、もちろん、そんなことで、私はだまされたりはしない。勝手に外に出ているのだから、柵から脱出する場所があるに違いない。（ソリャアタリマエジャ）

あるときは、部員のTくんと一緒に、柵の周りを歩いていろいろと話しあった。そして、**ひょっとしたら、ここからかもしれない**と思われる場所を一つ見つけた。

それはカクレミノという常緑の樹木のかなり太い幹を、柵に立てかけていた場所である。何らかの理由で、その木が、大学の山で倒れ、部員が、ヤギの餌（ヤギはカクレミノの葉をよく食べた）、あるいは、柵の戸の重しのために、山から運び出し、柵に立てかけていたのだ。

私は常々、ヤギは、その行動（たとえば、闘争のとき、斜面の上方から下側の相手に、体重をかけて角をぶつけるような行動を行なう）や体の各所の形態（たとえば、蹄のかっこうは、岩場を、滑らないように歩くのに都合のいい形態である）から、ヤギは斜面のある岩場での生活に適応した動物（正確に言えば、そういう有蹄類を祖先にもつ動物であり、今でも、その祖先種の特性を保持している動物）だと思っていた。だから、クルミは、なんとかして、柵の内側から、カクレミノの幹に登り、柵をまたいで外側の幹を伝って外へ出るのではないか、とにらんだのである。

ちょうどそのとき、クルミは、外へ出ているときであり、そのカクレミノの幹の近くを、例によって、涼しい顔と言えばいいか、しらじらしい顔と言えばいいのか、私と故意に目を合わさないのかと、勘ぐりたくなるような動作で、歩いていた。

「どうだ、クルミ、お前はここから脱出したんだろう。正直に言え」

と、さすがに声に出しては言わなかったが、脳のなかで問い詰めた。そして、

「お前が正直に言わないのなら、こうしてくれる！」

と（さすがに声に出しては言わなかったが、脳のなかで言いながら）、カクレミノの幹を、柵からはずしてやった。

心なしか、近くにいたクルミの表情に動揺の色がうかがえたような、うかがえなかったような……。

そして、翌日かその翌日、部員に、期待をしながら聞いてみた。

「出てましたよ」と、簡単に言われてしまった。

そうか、世の中、そんなに甘くないか。まー、いい。一回の挑戦であきらめるような私ではない。二回くらいはやってみないとだめだろう。

また、ハードなデスクワークに飽きると、クルミの秘密を解き明かすべく、現場、つまり、柵のところへ行ってみた。

もしやクルミは、この立てかけてあるカクレミノの幹に登って外へ出たのか？

私は、「一回目の仮説は、けっして悪くなかったが、ちょっと無理があったかもしれない。今度はもう少し現実的になろう」と素直に反省しながら、新しい〝クルミ脱出ルート〟を探した。

そして、**ほどなく見つけた。**柵の入り口のすぐ横に、少し広めに開いている〝隙間〟である。今度は、口にこそ出さなかったが、それなりに自信があった。自信があるときは、人間、謙虚になるものだ。謙虚に謙虚に、私はその隙間に、鉄でできた格子の金網をかぶせてしっかりと隙間をふさいだ。

そして、翌日かその翌日、部員に、謙虚に聞いてみた。

「出てましたよ」と、簡単に言われてしまった。

……………………。

さて、私の挑戦が、かなりいいところまでいきながら、最後の一歩で残念な結果に終わっているとき、次のような、ヘッ?と言いたくなるような出来事が起こった。

別なサークル（ビオトープ部という部で、それも私が顧問をしているのだが）のHくんとビオトープの近くで話をしていたとき、Hくんが、会話のついで、といった感じで次のように言ったのである。

「ヤギが柵を飛び越えてましたよ」

もちろんその部分に私は食いついた。

Hくんによれば、そんな場面を何度か見たというのである。

私は、へなへなと体の力がぬけるような思いがした。キツネにつままれた、といった感じもあったような気がする。そういえば、鳩が豆鉄砲をくらった、という表現もあるなー。日本語には動物をたとえに使った実に豊かな表現があるなー……そういう話ではなく、

……柵を飛び越えていた？　あんな高い柵を、ヤギ！が？

ちょっと待ってよ。

インパラやカンガルーじゃあるまいし、ヤギだよ、ヤギ。ヤギがどうやってあんな柵を飛び越えるの!?

Hくんに繰り返し尋ねたら、Hくんは言った。

「えっ？　普通に飛び越えてましたよ」

普通に、って、普通にって、なに、その普通に、っていうのは。

でもHくんにとっては、普通に、と感じられたのだろう。

しかし、聡明な私は、すぐに自分の殻を破った。

(ここだけの話であるが、私くらいになると、自分の思いこみの枠から、瞬時に脱出することができるのだ。自慢するわけではないが、これは実は、かなり精神的に熟達しているということなのである。ここだけの話であるが。)

クルミは、Hくんに、普通に、と思わせるほど、普通に、柵を飛び越えたということなのだ。

それで?

つまり、それは、その……クルミの跳躍力が、私がヤギの固定観念で思っていたより、ずっと凄かった、ということなのだろう。そう、それが、クルミなのだ。

次に私が思ったことは、**クルミが、〝普通に〟、あの高い柵を飛び越えるところを見たい!**だった。(ダレデモソウオモウワ!)

それから、いろいろなことがあった。いろいろなことが。

その話は、また別の機会にするとして、私はその間、クルミが柵を飛び越えるのを見たくて見たくて、デスクワークに飽きなくても、積極的に柵のところへ足を運んだ。

クルミが外へ出ているときは私はあきらめて帰った。まさかクルミに、「外から柵のなかに飛んで入ってみて」とも頼めない。

クルミが柵のなかにいるときは、じっと柵の外で待った。何気ない顔をして、たまに気配を消してみたりして。（私は、自由に自分の気配が消せるのである。）

しかし、クルミも、私が見ているときに限って（という気持ちになるほど）、脱出するそぶりさえ見せない。

そのうち、私は、仕方がないから、クルミが柵を飛び越える姿を、勝手に自分で想像するようになった。想像のなかのクルミは、あたかも**ペガサスのように、楽々と〝普通に〟、柵を越えていく**のである。

そして月日は過ぎていき、「クルミがペガサスのように柵を飛び越える本物の姿を見たい」という気持ちはどんどん強くなり、私は、その実現に向けて、ある方法を考えついた。

そうだ、部員を拝み倒して、写真かビデオに撮ってもらおう。（人間、謙虚になって人を信頼することも大変大切なのである。）

そして、**その日はついに来た**のである。

つまり、Oくんが、クルミが柵を飛び越えるところをデジカメの動画で撮ってくれたのである。

ちなみに、Oくんは、ヤギ部の部員ではない。学生の自治会の会長である。

なんというか、私の、純粋な好奇心と人への信頼に裏打ちされた一途な思いが、部を超えて広がり、学生たちの心を動かした、とでも言えばよいのだろうか。（ほんとうは、単に、Oくんは、部員と仲がよかった、というだけのことだったりして……。）

あるときOくんが研究室に来てくれて、映像を私のパソコンに入れてくれた。

私はワクワクしながら、映像を見た。（ちなみに、一度は、Oくんが間違った映像を入れてくれていて、私はえらくずっこけた。しかし、二回目の映像は本物だった！）

クルミは確かに、あの高い柵を飛び越えていた。

率直に言うと〝ペガサスのように〟ではなかった。

でも、それは私にとっては、驚嘆に値する行動だった。

クルミはすごい。

蹄のハンディを跳ね返して、クルミがたどってきた生き様の断片を見るような思いがした。

ヤギコも面白い。コハルも面白い。コユキも面白い。ミルクも面白い。そして、クルミも、こんなに面白い。それぞれ、**オモシロイヤッチャ、キミタチハ**、といった気分だ。

そうそう、ところで、冒頭で少し触れた、〝私が、同僚の先生方に平身低頭、謝らなければならなかった〟、その理由についてお話ししていなかった。最後にこれだけお話しして終わりにしたい。

つまり、その、………柵から脱走してキャンパス内を歩きまわり、その行動範囲を広げていったクルミは、T先生が、研究棟の玄関付近で、**大切に大切に育てておられたバラを食べてしまったのだった。**

T先生から連絡があり、現場に行った私は、確かに、そこに、ぼろぼろになった植物を見た。（バラの状態についてこれ以上お話しするのは勘弁願いたい。）

それまでにも、事務の方から、クルミの、ヤギ部の〝縄張り〟を越えた場所への遠征についてご指摘を受けていた私は、T先生バラバラ事件、いや、クルミT先生バラ食べ放題事件の発生で、確実なクルミ柵飛び越え脱出対策を行

クルミが柵を飛び越える瞬間。この映像には私も驚いた！

なうしかなくなった。

といっても、まずは、部員に力をこめてお願いすることにした。

「柵を、高くするしかないな、これは」と。

（私が直接行なうのは簡単だ。しかし、部員に任せる、というのが、深い配慮をもった教育、というものである。）

部長のNくんを中心として、部員は休日に苦労して作業を行ない（簡単に、柵を高くする作業といっても、木材の買い出しや加工など、いろいろと大変なのだ）、柵を高くした。さすがヤギ部の部員。よし、さすがにこれでクルミの秘儀も封印されるだろう、と誰もが（私と部員だけであるが）思った。

しかし、**クルミの秘儀はそれを超えていた。**

数日後には、高くなった柵も越えていた。

おそらく、クルミは、何度か失敗して、彼女なりに練習

して飛べるようになったのだろう。

棒高跳びで〝鳥人〟とよばれたブブカが、練習を重ねて世界記録を自己更新していくのと、まー、生物学的には同じことだろう。（社会学的には随分と違うけれども。一方は金メダルの覇者として賞賛をあび、他方は、部員や、特に小林から希望を奪う。）

そして、**クルミが次にやったことは**、また、T先生の、かろうじてバラとわかるくらいに芽を出していたバラを食べ（よほどバラが美味しかったのだろう）、さらに、別の場所に置いてあった、これまたT先生が大切に大切に育てておられた朝顔を、食べてしまったのである。もう朝顔の面影などどこにもなくなっていた。


もう、これらに関連する話は、やめさせていただきたい。**胸が苦しくなってきた。**

ただ、最後に、これだけは読者のみなさんにご報告しておきたい。私の的を射た助言と（この部分は部員にはあまり大きな声で言わないでいただきたい）、部員たちの努力で、クルミも越えられない柵が完成したのだ。

次ページの写真を見ていただきたい。

写真のなかで白っぽく写っている材木の部分（柵の上、二段と、内側から補強した縦の杭）

部員たちが補強して高くなった柵。白く見える木材が“増築”されたところである。柵のなかの小屋にいるのがクルミ・ミルク母娘。柵の外で草を食べているのがコハル・コユキの母娘

が、部員たちが、再度の試みで、〝増築〟した部分である。

ちなみに、超人、いや**超ヤギ〝クルミ〟**は、学生たちの増築柵に収まっているが、ひょっとしたら、この柵さえも越える日が来るかもしれない。

部長のNくんの話では、失敗はしたものの、足を柵にかけて跳び越そうとするクルミを見たという。

もし、クルミが、この柵を越えるようになったら、彼女は、また、ペガサスへの階段を一歩上ったことになるのだろう。

そして、外に出たあと、もしT先生の大切な植物を食べたら、

……もうペガサスへの階段を上らないでほしい。

大学の研究棟のそばの草地でカヤを食むクルミ（手前）。クルミはとにかくジャンプが好きだ。散歩のときも練習に余念がない

著者紹介

小林朋道（こばやし ともみち）

1958年岡山県生まれ。

岡山大学理学部生物学科卒業。京都大学で理学博士取得。

岡山県で高等学校に勤務後、2001年鳥取環境大学講師、2005年教授。

専門は動物行動学、人間比較行動学。

著書に、『通勤電車の人間行動学』（創流出版）、『スーパーゼミナール環境学』（共著、東洋経済新報社）、『地球環境読本』『地球環境読本 II』（共著、丸善株式会社）、『人間の自然認知特性とコモンズの悲劇―動物行動学から見た環境教育』（ふくろう出版）、『先生、巨大コウモリが廊下を飛んでいます！』『先生、シマリスがヘビの頭をかじっています！』『先生、子リスたちがイタチを攻撃しています！』『先生、キジがヤギに縄張り宣言しています！』『先生、モモンガの風呂に入ってください！』『先生、大型野獣がキャンパスに侵入しました！』（築地書館）など。

これまで、ヒトも含めた哺乳類、鳥類、両生類などの行動を、動物の生存や繁殖にどのように役立つかという視点から調べてきた。

現在は、ヒトと自然の精神的なつながりについての研究や、水辺の絶滅危惧動物の保全活動に取り組んでいる。

中国山地の山あいで、幼いころから野生生物たちと触れあいながら育ち、気がつくとそのまま大人になっていた。1日のうち少しでも野生生物との“交流”をもたないと体調が悪くなる。

自分では虚弱体質の理論派だと思っているが、学生たちからは体力だのみの現場派だと言われている。

先生、カエルが脱皮してその皮を食べています！

鳥取環境大学の森の人間動物行動学

2010年 4 月25日　初版発行
2016年 7 月20日　5 刷発行

著者　小林朋道
発行者　土井二郎
発行所　築地書館株式会社
〒104-0045
東京都中央区築地7-4-4-201
☎03-3542-3731　FAX 03-3541-5799
http://www.tsukiji-shokan.co.jp/
振替00110-5-19057
印刷製本　シナノ出版印刷株式会社
装丁　山本京子

 ISBN978-4-8067-1400-2